中高职一体化课程改革（艺术设计专业）成果教材

图形图像处理

Graphic Image Processing

许宝良 ◎ 主编
许倩倩　边晓鋆 ◎ 执行主编
叶开开　张鹏威 ◎ 执行副主编

ZHEJIANG UNIVERSITY PRESS
浙江大学出版社
·杭州·

中高职一体化课程改革（艺术设计专业）配套教材编写委员会

主　任　朱永祥

编　委　程江平　崔　陵　于丽娟
　　　　许宝良　陈静凡

编写说明

党的二十大报告指出："教育、科技、人才是全面建设社会主义现代化国家的基础性、战略性支撑"，提出"人才是第一资源"，要"深入实施科教兴国战略、人才强国战略"。[①]

为进一步完善现代职业教育体系，更好地适应产业跃迁和学生全面发展的需要，浙江省先试先行，开启了中高职一体化课程改革的探索和实践。2021年6月，浙江省教育厅办公室印发《浙江省中高职一体化课程改革方案》，首批遴选10大类30个行业岗位技术含量高、专业技能训练周期长、社会需求相对稳定、适合中高职一体化培养的专业，探索长学制培养高素质技术技能人才。2023年12月，教育部和浙江省人民政府印发《关于加快职业教育提级赋能服务共同富裕示范区建设实施方案的通知》，明确提出要"打造互融互通的技术技能人才成长通道""改革创新长学制人才培养模式"。中高职一体化课程改革先后被列入《浙江省教育事业发展"十四五"规划》《浙江省职业教育"十四五"发展规划》，成为浙江省"十四五"期间职业教育重点工作。

本轮课改秉持立德树人、德技并修的育人理念，立足服务国家重大战略、产业转型升级和人才培养需求，以培养高素质技术技能人才为核心，遵循技术技能人才的成长规律，坚持"省域统筹、协同推进，一体设计、递进培养，科研引领、调研先行"的课改原则。统筹推进，由国家"双高"院校牵头，组织开设同一专业的中高职院校共同开展课程改革；一体设计，科学设计"专业调研—职业能力分析—专业教学标准研制—核心课程标准研制"的技术路线，以专业教学标准为依据，实现中高职课程的一体化设计和教学内容的有效衔接与递进；科研引领，通过设立省中高职一体化课改重大课题，采取首席专家领衔制开展研究，助推课程改革，并以问题为导向，聚焦目前中高职衔接中人才培养目标模糊、课程内容重复等主要问题，全面了解、准确把握行业企业发展趋势及人才需求、中高职学

---

① 习近平.高举中国特色社会主义伟大旗帜 为全面建设社会主义现代化国家而团结奋斗：在中国共产党第二十次全国代表大会上的报告[N].人民日报，2022-10-26（01）.

校教学现状及人才培养情况，在深度调研、科学论证的基础上，整体设计人才培养目标及规格，研制了中高职一体化专业标准体系。截至目前，浙江省已完成 30 个专业的中高职一体化职业能力标准、专业教学标准及 451 门核心课程标准的制定。2023 年 8 月，浙江省教育厅办公室正式发布《浙江省中高职一体化 30 个课改专业教学标准》。

为打通课程改革"最后一公里"，全面落实中高职一体化专业教学标准进课堂，推动课程改革落地见效，浙江省同步启动 30 个专业的中高职一体化课改系列教材编写工作。我们邀请行业企业专家、职教专家、教研员及中高职一线骨干教师组成教材编写组，根据先期形成的专业教学标准和核心课程标准，共同开发本系列教材，几经论证、修改，现付梓。本系列教材注重产教融合，将行业需求、企业实践与教学紧密结合，内容上体现产业发展的新技术、新工艺、新规范。

由于时间紧，任务重，教材中难免出现不足之处，敬请专家、读者提出宝贵的意见和建议，以求不断改进和完善。

浙江省教育厅职成教教研室
2024 年 3 月

PREFACE 前言

　　本教材针对浙江省艺术设计专业中高职一体化的学生，从图形图像技术出发，在介绍常见的图形图像理论知识及软件的基础上，通过综合项目实训，使学生快速掌握位图和矢量图的设计与制作技巧，具备图形图像设计的综合应用能力。本教材分为六个项目，分别从图形图像处理技术基础知识、"航天科技博物馆"字体设计、"航天科技博物馆"矢量图形设计、"中国航天"海报设计、"航天科技博物馆"周边产品设计以及"中国航天"宣传折页设计六个方面来介绍图形图像设计的职业技能，帮助学生快速、全面地掌握完整的技术体系。

　　本教材围绕爱国主义、文化自信、科技强国、科技创新等思政元素，以项目为核心，打破一个知识点对应一个小任务的传统教材编排方式，项目内容连贯，由点到面，由易到难。本教材通过一系列的实践项目，将弘扬工匠精神与弘扬社会主义核心价值观、中华优秀传统文化、社会主义先进文化紧密结合，在培养高素质技术技能人才的过程中实现价值引领。例如，本教材介绍了融入中国汉字特点的字体设计方法，设计了以中国航天、航天飞船、宇航员等为主题的项目案例，设置了"文字传承""中国国旗国徽""神舟系列飞船"等阅读材料。

　　本教材的实训项目结合实际设计案例，涉及字体设计、标志设计、插画设计、折页设计等多个设计方向，由独立又相关的设计制作案例构成完整的产品设计链。本教材选取贴近中职学生职业场景的项目，设置"问题摘录""重点提醒""知识链接""学习思考"等环节，体现"做中学，做中教"，并通过"理论闯关""实践突破"强化知识应用。每个项目完成后进行"项目评价"，让学生明确学习目标，自查自纠。

本教材具有如下特点：

一、编写内容特色

1. 任务项目分类，助力举一反三

在内容编排上，改变了传统以知识为体系的框架，以整体项目为主线组织编排教材。这样有利于帮助学生构建基本的学习体系，实现举一反三。本教材以分类项目为载体，帮助学生从"点"上掌握知识点，从"线"上理解岗位技能，从"面"上了解职业应用，以灵活应用知识内容，提升职业技能。

2. 聚焦岗位能力，提升职业能力

以平面设计师岗位需求为导向，通过对企业高层次人才进行访谈、对招聘岗位进行分析，定位岗位所需能力。注重平面理论知识与平面设计师岗位需求相结合，对接职业标准与岗位需求。本教材由经验丰富的中职、高职教师共同协作编写，满足培养应用型人才的需求。

3. 契合衔接标准，满足中高职一体化需求

在内容和结构设计上，中职与高职紧密对接，从中高职一体化标准出发，针对图形图像设计具体要求，设置学习目标，明确核心考点；结合职业院校专业课程教学流程，设置任务目标等环节，满足中高职一体化教学实践要求；在案例中插入大量任务，提升学习效率。

4. 语言通俗易懂，激发学习兴趣

本教材尽量避免各种晦涩难懂的专业术语，用通俗易懂的语言结合思维导图引导学生学习，使学生真切地感受到学习图形图像设计并不难。同时，培养学生自主学习、合作学习、探究学习的能力。

5. 配套电子资源，构建双线形态

按照"互联网+"新形态教材的建设理念，充分利用信息化手段构建教学资源库，构建"线上+线下"的双线新形态教材。本教材融入线上视频课程，配套电子教案及学习任务书，多维立体呈现知识重点与难点，为探索教学新生态模式提供良好的基础。

二、编写体例特色

1. 思维导图呈结构

每个任务前面都有清晰的思维导图，帮助学生理清本任务的知识结构与任务要点，使学生在开始任务前就能快速且精准地把控任务内容，有助于在完成任务的过程中着重把控重点、难点内容。

2.知识卡片助消化

在每个项目中都设置有"知识链接""学习思考""问题摘录""学习评价"等不同类型的卡片，帮助学生消化内容。"知识链接"拓展与本项目内容相关的知识点，有助于拓宽学生的知识面；"学习思考"帮助学生养成勤于思考的思维习惯，使学生不仅知其然，更知其所以然；"问题摘录"方便学生记录任务重点与难点，也可记录个人易错点，充分体现个性化；"学习评价"能够帮助学生对照等级认证的考试要求，做自我评分，以便后续改进。

3.微课资源拓视野

每个项目配有二维码，通过二维码呈现与本项目内容相关的拓展资源和微课视频，帮助学生走出课后无人指导的困境。

由于编者水平有限，书中难免存在一些疏漏和不足之处，我们诚挚希望使用本书的广大教师和学生对书中存在的问题提出宝贵意见，以便我们修改完善。

编者

2024 年 6 月

课时安排

章节	内容	课时安排
项目一 图形图像处理技术基础知识	1.1　图形图像初识	2 课时
	1.2　图形图像处理软件概述 1.3　软件工作界面	2 课时
项目二 "航天科技博物馆"字体设计	2.1　科技风中文字体设计	4 课时
	2.2　酸性英文字体设计	4 课时
项目三 "航天科技博物馆"矢量图形设计	3.1　博物馆标志设计	4 课时
	3.2　图形装饰设计	4 课时
	3.3　矢量插画绘制	4 课时
项目四 "中国航天"海报设计	4.1　海报背景制作	2 课时
	4.2　海报图形图像处理	2 课时
	4.3　海报文字排版设计	2 课时
	4.4　海报整体效果设计	2 课时
项目五 "航天科技博物馆"周边产品设计	5.1　杯垫周边效果图设计	4 课时
	5.2　书签周边效果图设计	4 课时
	5.3　胶带周边效果图设计	6 课时
项目六 "中国航天"宣传折页设计	6.1　宣传折页封面页设计	4 课时
	6.2　宣传折页内容页设计	4 课时
总计		54 课时

源文件与学生用素材

CONTENTS 目录

项目一 图形图像处理技术基础知识

1.1 图形图像初识 ········ 004
- 1.1.1 矢量图和位图 ········ 005
- 1.1.2 颜色要素和模式 ········ 008
- 1.1.3 图像文件格式 ········ 010

1.2 图形图像处理软件概述 ········ 014
- 1.2.1 Adobe公司简介 ········ 015
- 1.2.2 平面设计四大软件 ········ 016
- 1.2.3 Adobe Photoshop 软件概述 ········ 017
- 1.2.4 Adobe Illustrator 软件概述 ········ 018

1.3 软件工作界面 ········ 021
- 1.3.1 认识软件工作界面 ········ 021
- 1.3.2 新建文件 ········ 023
- 1.3.3 存储文件 ········ 024

项目二 "航天科技博物馆"字体设计

2.1 科技风中文字体设计 ········ 031
- 2.1.1 汉字在字体设计中的美 ········ 032
- 2.1.2 字体设计底层逻辑 ········ 033
- 2.1.3 任务一：科技风字体设计 ········ 036
- 2.1.4 任务二：科技风字体装饰 ········ 044
- 2.1.5 任务三：科技风字体排版 ········ 050

2.2 酸性英文字体设计 ········ 057
- 2.2.1 酸性设计的特点 ········ 057
- 2.2.2 任务一：酸性字体设计 ········ 058
- 2.2.3 任务二：酸性机甲风字体设计 ········ 064

项目三 "航天科技博物馆"矢量图形设计

3.1 博物馆标志设计 —— 077
  3.1.1 标志设计概述   078
  3.1.2 任务一："航天科技博物馆"标志绘制   080
  3.1.3 任务二：标志的标准制图方法   086
3.2 图形装饰设计 —— 092
  3.2.1 任务一：酸性图形的快速绘制   093
  3.2.2 任务二：装饰标题字体   097
3.3 矢量插画绘制 —— 105

项目四 "中国航天"海报设计

4.1 海报背景制作 —— 121
4.2 海报图形图像处理 —— 128
4.3 海报文字排版设计 —— 149
4.4 海报整体效果设计 —— 155

项目五 "航天科技博物馆"周边产品设计

5.1 杯垫周边效果图设计 —— 165
5.2 书签周边效果图设计 —— 181
5.3 胶带周边效果图设计 —— 196

项目六 "中国航天"宣传折页设计

6.1 宣传折页封面页设计 —— 225
6.2 宣传折页内容页设计 —— 234

PROJECT 1

项目一

图形图像处理技术基础知识

导语

图像处理前 　　图像处理后

图形图像处理技术是平面设计、室内设计、建筑设计、视觉传达、多媒体技术等专业的基本技能。一张图能够生动形象地表达出大量的信息，使人们更为直观地感受到具象化的信息。图形图像处理的目的是提高图像质量，改善图像的视觉效果。图形图像处理应该突破语言的桎梏，创造全新的视觉效果。

图形图像处理软件有很多，常见的有Adobe Photoshop、Adobe Illustrator、CorelDRAW、GIMP、Funny Photo Maker、PhotoScape等。本书主要介绍Adobe公司的Photoshop和Illustrator软件在图形图像处理领域中的应用。这两款软件操作灵活，拥有强大的图形图像处理功能。图形图像处理技术在电影电视、广告美术、军事测绘、教育、医学等诸多行业发挥着极其重要的作用，对人们的生产生活，乃至国民经济都有深远的影响。

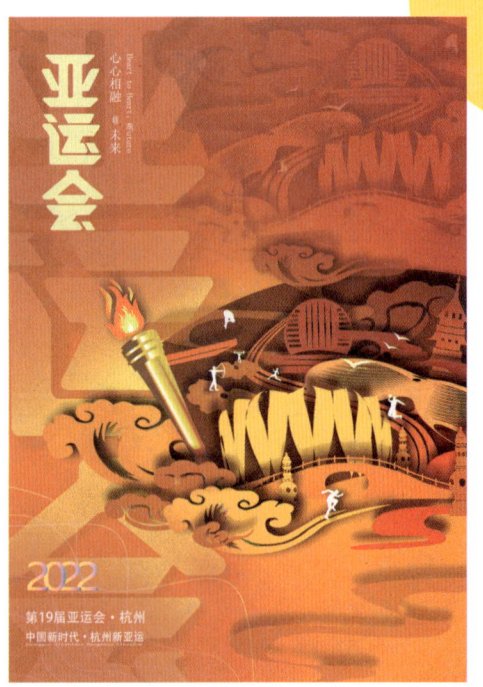

海报设计

包装设计

图形图像处理技术基础知识 | 项目一

打好地基才能平地起高楼。在进行图形图像处理之前，我们需要理解图形图像处理过程中的基础知识概念，如图形和图像的区别、文件格式、颜色模式等。此外，学习图形图像处理的常用软件也是本项目的要点。对Adobe公司的发展历史和图形图像处理常用软件进行介绍，能帮助我们更全面地了解设计中的常用工具。本项目最后将带领大家对Adobe Photoshop 和 Adobe Illustrator做进一步的接触，使大家更了解两款图形图像处理软件的界面使用。现在开启项目的学习吧！

INTRODUCTION

插画设计

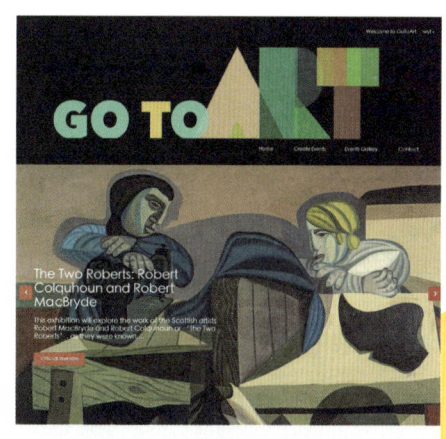

网页设计

003

项目描述

在进行图形图像处理之前，需要了解和掌握计算机图形图像处理的基本概念，为后续理解图形图像处理操作技术和学习图形图像处理软件做好准备。本项目对现在广泛使用的图形图像处理软件进行介绍，让大家熟悉操作界面，为进行图形图像处理打好基础。

项目要点

- 图形图像处理基本概念
- 图形图像处理软件
- 软件工作界面

项目分析

在本项目的学习过程中，通过对计算机图形图像处理技术中不同概念的对比，以及对图形图像实例的观察，掌握位图与矢量图的概念和区别，掌握像素和分辨率的概念；通过对计算机颜色模式和图像格式的学习，了解图形图像处理在实际应用中需要注意的属性问题；通过对不同图形图像处理软件的学习和对比，掌握图形图像处理软件的基本知识，以及不同软件在项目中的应用与联动；通过软件界面的介绍，掌握图形图像处理软件的基本功能和基本操作。

1.1 图形图像初识

任务目标

1. 掌握位图和矢量图的概念和特点
2. 掌握分辨率的概念
3. 理解不同颜色模式的概念，掌握颜色模式的应用
4. 掌握图像的不同格式概念以及应用

任务描述

在使用软件对图形图像进行处理操作之前，需要对软件中相关的基础概念

有一定的了解，其中包括矢量图和位图的区别、像素和分辨率的概念、颜色与颜色模式和图像文件格式等。

任务导图

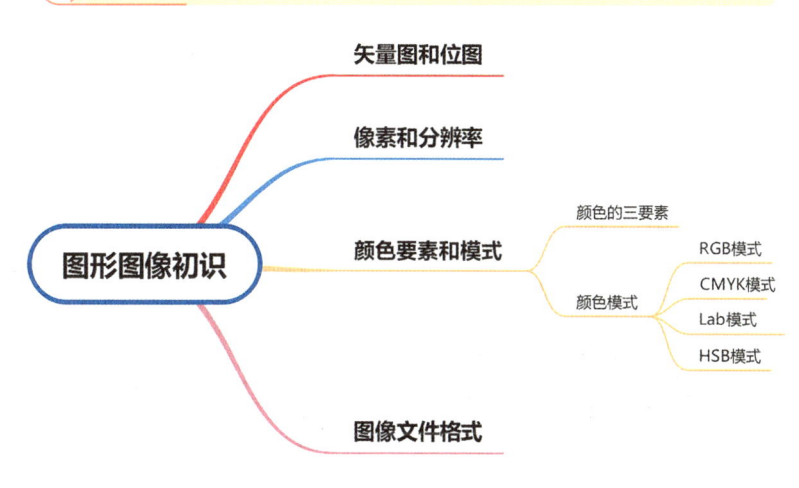

- 图形图像初识
  - 矢量图和位图
  - 像素和分辨率
  - 颜色要素和模式
    - 颜色的三要素
    - 颜色模式
      - RGB模式
      - CMYK模式
      - Lab模式
      - HSB模式
  - 图像文件格式

学习新知

1.1.1 矢量图和位图

1.矢量图

定义：矢量图形是由一些用数学方式描述的曲线组成的图。

基本单位：锚点和路径。

优点：无论放大还是缩小矢量图形，都不会丢失细节或降低清晰度。

缺点：难以表现色彩层次丰富的图像效果。

主要绘制工具：Adobe Illustrator、CorelDRAW、Freehand等。

文件格式：AI、CDR等。

应用场合：字体设计、标志设计、插画设计等领域，如图1-1-1到图1-1-4所示。

> **知识链接**
>
> CorelDRAW软件是Corel公司出品的矢量图形绘制工具，提供了矢量动画、页面设计、位图编辑等多种功能。
>
> Freehand是由Macromedia公司出品，现属于Adobe公司软件家族的基于矢量的绘图应用软件。
>
> AI格式是Adobe Illustrator软件的源文件格式。
>
> CDR格式是CorelDRAW软件的源文件格式。

问题摘录

图 1-1-1　字体设计

图 1-1-2　标志设计

重点提醒

像素是构成图像的最小单位。

知识链接

在实际应用中，矢量图和位图并不是完全分开的，在项目中往往是综合使用。

图 1-1-3　插画设计

图 1-1-4　矢量图形

2.位图

定义： 位图图像是由像素点以不同的排列和颜色构成的图。

基本单位： 像素。

优点： 色彩丰富细腻。

缺点： 放大会失真。

主要绘制工具： Adobe Photoshop、Painter等。

文件格式： PSD、JPG、PNG、TIFF、BMP、GIF等。

应用场合： 照片后期处理。

同一张图的位图与矢量图，放大数倍后呈现的效果分别如图 1-1-5 和图 1-1-6 所示。位图图像放大到一定程度时，可以观察到小方格样子的像素点，如图 1-1-7 所示。

学习笔记

图 1-1-5　矢量图放大效果　　图 1-1-6　位图放大效果

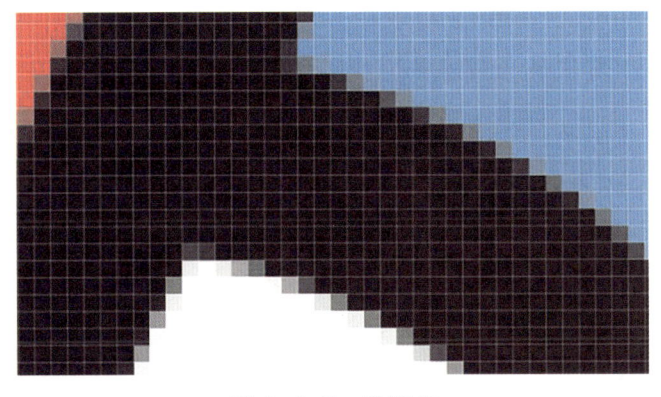

图 1-1-7　像素点

在实际应用中，我们发现个别图像会很模糊，这就说明该图像的像素少。这涉及位图图像的一个重要概念——分辨率。**分辨率越高，位图图像越清晰**，如图 1-1-8 和图 1-1-9 所示。矢量图形没有像素，因此没有分辨率这个属性。

图 1-1-8　分辨率高　　图 1-1-9　分辨率低

分辨率是指单位面积内所含像素点的数量，单位为**像素/英寸（PPI）**。单位面积的像素点越多，分辨

知识链接

除图像分辨率外，在实际应用中，根据分辨率所应用的对象不同，还有屏幕分辨率和设备分辨率。

屏幕分辨率主要指计算机的显示器分辨率，指单位长度显示的像素点数，以点/英寸（DPI）为单位。

设备分辨率主要是打印机分辨率，单位也是点/英寸。

问题摘录

学习笔记

学习思考

以下两张图像，哪张明度更高？

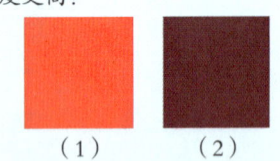

（1）　　（2）

以下两张图像，哪张饱和度更高？

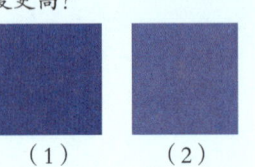

（1）　　（2）

率越高，图像越清晰，图像所需存储空间越大。

在进行图形图像处理之前，需要对图像的分辨率进行设置。网页用图或者日常练习可以把图像分辨率设置为72PPI，需要印刷的图像分辨率一般设置为300PPI。

1.1.2　颜色要素和模式

1.颜色的三要素

对图形图像的处理包含对颜色的处理，在处理过程中涉及颜色的三要素，即**色相、明度、饱和度**。任何一种颜色都可以按这三要素进行描述判断。

色相，指色彩呈现出来的质的面貌。任何黑白灰以外的颜色都有色相的属性。如图1-1-10所示。

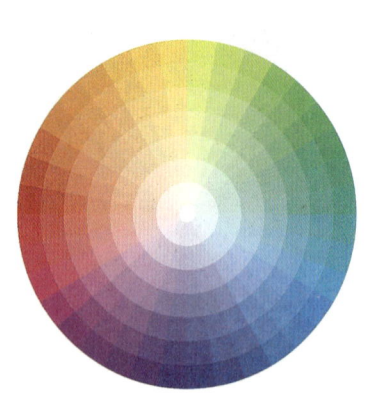

图1-1-10　色相环

明度，指色彩的明暗深浅程度。**明度高，颜色亮**，如图1-1-11和图1-1-12所示。

饱和度，指色彩的鲜艳程度。**饱和度高，色彩中其他杂色的占比少**，如图1-1-13和图1-1-14所示。

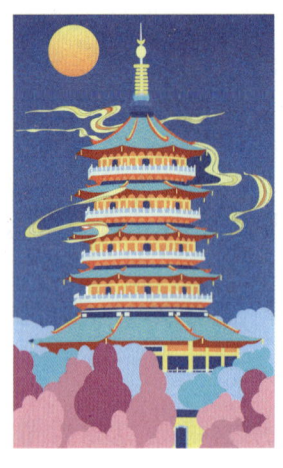

图1-1-11　明度高　　图1-1-12　明度低

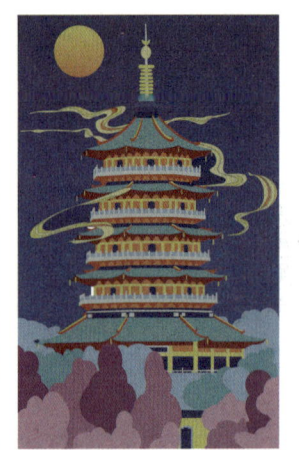

008

图 1-1-13　饱和度高　　　图 1-1-14　饱和度低

2.颜色模式

颜色模式是指图像色彩的组织方式，是图像非常重要的属性。颜色模式的选择会影响图像的显示效果、印刷效果、编辑效果等。

常见的图像颜色模式：RGB模式、CMYK模式、Lab模式、HSB模式等。

1）RGB模式。

概述： RGB模式是**最基础**的颜色模式，也称**真彩色**模式，是由光的三原色原理形成的颜色模式。R代表红色（Red），G代表绿色（Green），B代表蓝色（Blue），即任意一种颜色是由光的三原色以不同比例叠加而成的。

数值： RGB模式有3个颜色通道，分别是红色通道、绿色通道和蓝色通道。每个通道用0到255来表示颜色范围，通过3个通道可组合成1670余万种颜色。

RGB模式如图1-1-15所示。

图 1-1-15　RGB模式

2）CMYK模式。

概述： CMYK模式是用于**印刷**的模式。CMYK模式中，任意一种颜色是由4种印刷油墨颜色按不同比例叠加而成。

> **知识链接**
>
> 颜色模式还有灰度模式、位图模式、索引颜色模式、多通道模式等。
>
> 灰度模式只能够表现黑色、白色和不同级别的灰色。
>
> 位图模式只能够表示黑色和白色，位图模式的图像也被称为黑白图像。
>
> 索引颜色模式主要用于网页和动画，它仅能够表现256种颜色。

> **学习思考**
>
> RGB模式下，黑色的RGB数值分别是多少？
> R：_____
> G：_____
> B：_____

学习笔记

问题摘录

知识链接

色彩对比中，明度对比最能表现色彩层次感、空间感。明度色标分为9度，1—3度为低调色，4—6度为中调色，7—9度为高调。高调色显活泼、愉快、辉煌、柔软。低调色显朴素、厚重、雄大、寂寞。

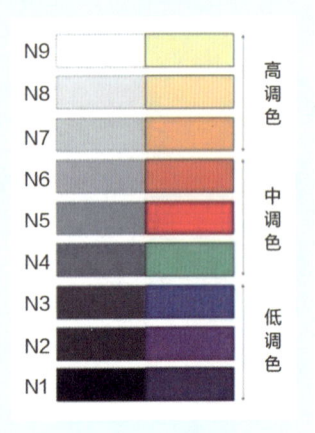

N9	高调色
N8	
N7	
N6	中调色
N5	
N4	
N3	低调色
N2	
N1	

数值：CMYK模式中，C代表青色（Cyan），M代表洋红色（Magenta），Y代表黄色（Yellow），K代表黑色（Black）。CMYK模式在计算机中有4个通道，即青色通道、洋红色通道、黄色通道和黑色通道。每个通道的最大数值均为100。

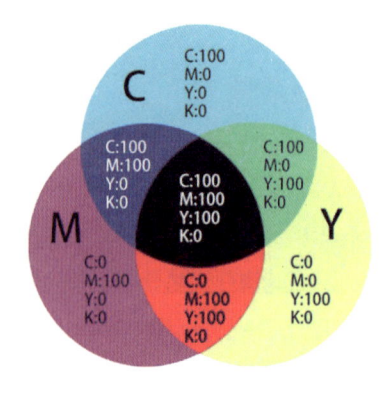

图1-1-16　CMYK模式

CMYK模式如图1-1-16所示。

3）Lab模式。

概述：Lab模式是一种转换模式，是Photoshop的内置模式。Lab模式是独立于设备的模式，如果将RGB模式转换成Lab模式，颜色会更加清晰。

数值：Lab模式用一个亮度分量L和两个颜色分量a及b来表示颜色。L的取值范围是0到100，a表示绿色到红色的光谱变化，b表示蓝色到黄色的光谱变化，a和b的取值范围是-120到120。

4）HSB模式。

概述：HSB模式是依据人眼的视觉特征，用**色相、饱和度和明度**来表达颜色的模式。

数值：色相（H）也称为色调，由颜色名称进行标识，如红色、黄色、蓝色等，取值范围是-180°到180°。饱和度（S）表示色相中灰色所占比例，取值范围是0%（灰色）到100%（纯色）。明度（B）的取值范围是0%（黑色）到100%（白色）。

1.1.3　图像文件格式

根据图像压缩方式的不同、计算机中存储数据方式的不同，图像文件有多种格式。图像文件格式不同，应用场合也不同。常见的图像文件格式有JPEG格式、

PNG格式、TIFF格式、SVG格式、BMP格式、EPS格式、GIF格式等。

JPEG格式使用最多，它是一种**高压缩**格式，但不能保存为透明格式。JPEG格式的图像文件较小，下载传输方便。

PNG格式<u>可以保存为透明格式</u>，适用于网络传播，适用于标志，但不适合专业印刷。

TIFF格式是工业标准格式，存储的信息多，<u>图像质量高</u>，但兼容性较差。

SVG格式存储矢量图形，**无压缩**，图像文件所占存储空间大。

BMP格式是Windows系统下的标准位图格式，**无压缩**，图像文件大，适合印刷。

GIF格式适用于多帧动画，文件小。

> **学习辅助**
>
> PSD格式是图像处理软件Photoshop的专用图像文件格式，包含所有图层信息。
>
> AI格式是图像处理软件Illustrator中的矢量图形文件，也包含图层信息。

知识储备

- 矢量图和位图的区别
- 分辨率的概念
- 颜色的三要素
- RGB模式的概念与应用
- CMYK模式的概念与应用
- HSB模式的概念与应用
- 图像文件的格式

理论闯关

一、填空题

1. RGB分别代表红、绿、_____ 3个通道的颜色。
2. Photoshop是_____图像处理软件，对图像的缩放会使图像的像素产生差值，从而影响图像质量。
3. CMYK图像包含_____个颜色通道。

4. _____是构成图像的最小单位。

5. _____颜色模式适用于印刷。

二、选择题

1. 下列哪一项是网络常用的图像格式？（   ）
   A. GIF　　　　　B. JPG　　　　　C. PNG　　　　　D. 以上皆是

2. RGB值为（255，0，0）的颜色为（   ）。
   A. 红　　　　　B. 绿　　　　　C. 蓝　　　　　D. 以上皆不是

3. 用于高质量画册印刷的图像分辨率不应该低于（   ）。
   A. 120像素　　　B. 72像素　　　C. 96像素　　　D. 300像素

4. （   ）不是Photoshop支持的图像序列格式。
   A. BMP　　　　B. PDF　　　　C. JPG　　　　D. GIF

5. 下列哪一项不是HSB模式的参数？（   ）
   A. 饱和度　　　B. 色相　　　　C. 亮度　　　　D. 灰度

6. 下列哪一项不是二维图像的存储格式？（   ）
   A. .bmp　　　　B. .tif　　　　C. .jpg　　　　D. .dicom

7. 小王从网上下载了一张图，他发现无论是放大还是缩小，图片内容都依然清晰可见。他下载的这张图属于（   ）。
   A. 矢量图　　　B. 点阵图　　　C. 位图　　　　D. 闪图

8. 图像分辨率的单位是（   ）。
   A. DPI　　　　　B. PPI　　　　　C. LPI　　　　　D. Pixel

9. 在HSB颜色模式中，色相的取值范围是（   ）。
   A. -100°到100°　B. -180°到180°　C. -150°到150°　D. -120°到120°

10. 在Photoshop软件中，CMYK颜色模式的图像包括的单色通道是（   ）。
    A. 青色、黄色、白色和洋红通道
    B. 蓝色、洋红、黄色和白色通道
    C. 青色、洋红、黄色和黑色通道
    D. 白色、洋红、黄色和黑色通道

实践突破

请将以下9张不同明度的图片与图片所传递的视觉效果进行匹配连线。

- 全由高调色组成，色彩明度差别小，清晰度低，有柔和、朦胧、女性化的视觉效果。

- 高调色占大面积，配合小面积低调色，反差大，有强对比、积极、明快、活泼的视觉效果。

- 中调色占大面积，配合小面积高调色或低调色，有厚重、强有力、男性化的视觉效果。

- 高调色占大面积，配合小面积中调色，有中等强度对比、明快、活泼、优雅的视觉效果。

- 中调色占大面积，配合小面积低调色，有庄重、含蓄、朦胧的视觉效果。

- 低调色占大面积，配合小面积高调色，有强对比、强刺激性、低沉、苦闷、不稳定、强爆发性的视觉效果。

- 全由中调色组成，有模糊、朦胧、朴素、梦幻的视觉效果。

- 全由低调色组成，有忧郁、沉寂、哀伤、模糊的视觉效果。

- 低调色占大面积，配合小面积中调色，有厚重、朴素、有力、郁闷、保守的视觉效果。

项目评价

经过这段学习之旅，你会为自己的学习成果打几颗星呢？请用心完成自我评价，肯定自己的成就，也积极寻找并改善不足之处。

<table>
<tr><th colspan="4">项目实训评价表</th></tr>
<tr><th rowspan="2">项目</th><th colspan="2">内容</th><th rowspan="2">评价星级</th></tr>
<tr><th>学习目标</th><th>评价目标</th></tr>
<tr><td rowspan="4">职业能力</td><td rowspan="4">掌握图形图像处理技术的基本概念</td><td>能够描述矢量图和位图的区别</td><td>☆ ☆ ☆ ☆ ☆</td></tr>
<tr><td>能够描述像素和分辨率的概念</td><td>☆ ☆ ☆ ☆ ☆</td></tr>
<tr><td>能够理解不同颜色模式的原理和应用场合</td><td>☆ ☆ ☆ ☆ ☆</td></tr>
<tr><td>能够区分不同情境下可以使用哪种图像文件格式</td><td>☆ ☆ ☆ ☆ ☆</td></tr>
<tr><td rowspan="4">通用能力</td><td colspan="2">分析问题的能力</td><td>☆ ☆ ☆ ☆ ☆</td></tr>
<tr><td colspan="2">解决问题的能力</td><td>☆ ☆ ☆ ☆ ☆</td></tr>
<tr><td colspan="2">自我提高的能力</td><td>☆ ☆ ☆ ☆ ☆</td></tr>
<tr><td colspan="2">自我创新的能力</td><td>☆ ☆ ☆ ☆ ☆</td></tr>
<tr><td>综合评价</td><td colspan="3">☆ ☆ ☆ ☆ ☆</td></tr>
</table>

1.2 图形图像处理软件概述

任务目标

1. 掌握常用图形图像处理软件的种类
2. 掌握 Photoshop 和 Illustrator 软件的应用范围和工作场景

> **任务描述**

在对图形图像处理的基础知识有一定了解后，就可以开始进行软件的学习了。在本任务中，我们将学到常用图形图像处理软件的发展历程和应用场合，明确常用设计软件的特点、优势和应用场景，以在实战中选择合适的软件进行设计操作。

> **任务导图**

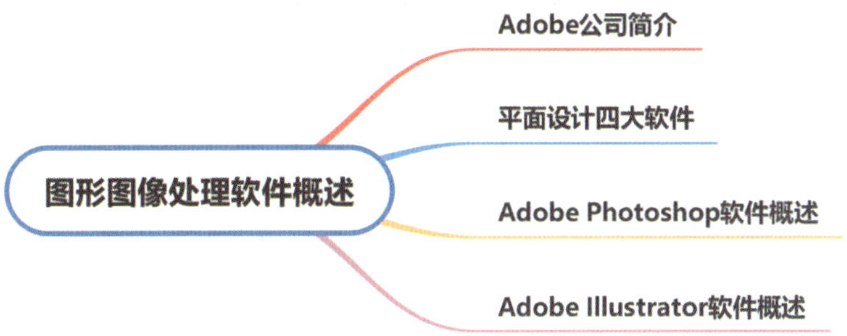

```
                          ┌── Adobe公司简介
                          │
                          ├── 平面设计四大软件
图形图像处理软件概述 ──┤
                          ├── Adobe Photoshop软件概述
                          │
                          └── Adobe Illustrator软件概述
```

> **学习新知**

1.2.1　Adobe公司简介

前面提到的Photoshop、Illustrator都有一个共同的前缀Adobe，Adobe公司图标如图1-2-1所示。

Adobe公司由约翰·沃诺克和查尔斯·格什克于1982年12月创办，于1988年在纳斯达克上市。

图1-2-1　Adobe公司图标

1987年，Adobe公司推出一款名为Illustrator的绘图软件。

从1988年开始，Adobe公司陆续推出了Adobe Photoshop、After Effects、Dreamweaver、Flash等软件。

2003年，Adobe公司将所有产品捆绑在Adobe Creative Suite（译为创意套件，后以缩写Adobe CS表示）中，以统一品牌。Adobe创意软件"全家桶"如图1-2-2

> **知识链接**
>
> Adobe创意软件"全家桶"是一套全面的、跨平台的、云端的专业设计软件合集，提供Photoshop、Illustrator、After Effects、Premiere、LightRoom、Audition、Animate、Dreamweaver、Indesign、Acrobat、Fireworks、Contribute、Reader等多款软件。

所示。Adobe CS版本是Adobe公司推出的面向设计、网络、视频领域的专业套件。Adobe CS版本可以理解为单机版本，在2012年推出CS6版本后就停止更新了。

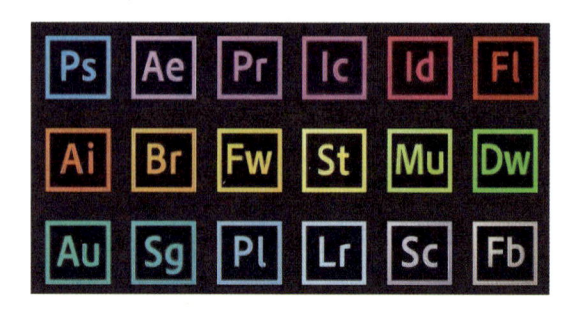

图 1-2-2　Adobe创意软件"全家桶"

2013年，Adobe公司发行了Creative Cloud（译为创意云，后以缩写Adobe CC表示）云端套装软件，所有软件只能在云上进行使用。Adobe CC版本可以理解为在线使用版本，可以共享其他设计师的配色、字体或者模板创意。Adobe正是因为有Photoshop、Illustrator等引领创新的伟大产品，才开创了这个用计算机激发创意、表达创意的时代。

1.2.2　平面设计四大软件

平面设计类软件层出不穷，但是真正能够被设计师经常用到工作中去的主力软件，无外乎以下四款：Photoshop、CorelDRAW、Illustrator、Indesign。这四款设计软件各有所长，在不同的设计项目中具有独特的优势，能够灵活运用。

Photoshop、Illustrator和Indesign都是Adobe公司推出的创意软件包中的一员。Photoshop是全能选手，主要完成图像处理、调色修图、特效合成等工作，这是Photoshop的强项。Illustrator有强大的图形处理能力，对于插画设计师来说是不可或缺的创意软件之一，在进行标志设计、图案图形设计、字体设计等方面有着卓越的建树。Indesign是出版行业中平面设计者必学的软件，在专业排版，例如画册、书籍等长篇文档排版

> **知识链接**
>
> 虽然CorelDRAW软件（简称CDR）功能强大，也能够实现排版功能，但是CDR排版在图片过多时会对电脑造成极大的负担。因此相比于CDR软件在多图文排版上的短板，Indesign软件在图文排版上有明显优势。
>
> 当然，Indesign软件也能够实现海报排版、名片制作、插画绘制等功能。

中有先天优势，能够大大提高工作效率。

CorelDRAW 是 Corel 公司推出的集插画绘制、图形处理、专业排版、印刷制版输出于一体的矢量软件。CorelDRAW 和 Illustrator 同为矢量图形设计工具，我们至少要精通其中一款。考虑到 Photoshop 和 Illustrator 同为 Adobe 公司旗下软件，可以相互连接使用，页面类似，工具互通，切换更方便，因此本书使用 Photoshop 和 Illustrator 软件对图形图像处理进行操作和讲解。

1.2.3 Adobe Photoshop 软件概述

Adobe Photoshop 简称 PS，是由 Adobe 公司开发和发行的图像处理软件，也是知名度和实用度最高、最受欢迎的图像处理软件之一。PS 主要处理以像素构成的数字图像。PS 的很多功能在图形图像、文字、视频、出版等多个应用领域中广泛使用，能够实现图像扫描、图像制作、编辑修改、广告创意、图像输入输出等多种功能，深受广大平面设计者和数字美术爱好者的喜爱。

软件优势： PS 的优势在于图像处理，而不是图形创作。功能上能够实现图像编辑、图像合成、校色调色、特效制作等。专业处理型工具，功能强大。自定义程度大，应用领域广泛。

应用场景： 平面设计、照片后期处理、广告摄影、包装设计、插画设计、影像创意、艺术文字、网页制作、后期修饰、数字绘画、三维贴图绘制或处理、视觉创意、界面设计、二维动画制作等。

版本介绍： 1990 年，Photoshop 1.0 版本诞生。2003 年开始，Photoshop CS 版本推出。2013 年开始，Photoshop CC 版本推出。本书使用的是 Photoshop CC 2023 版本，图标如图 1-2-3 所示。PS CC 2023 版本安装的配置要求如表 1-2-1 所示。

图 1-2-3 PS CC 2023 版本图标

知识链接

基于PS CC 2023软件的日常工作使用电脑配置推荐：

◇ 处理器：I5 13400F

◇ 散热器：四热管塔式

◇ 主板：B760 或 H610

◇ 内存：DDR4 3200 16GB×2

◇ 硬盘：500GB或以上NVMe M.2固态硬盘+1TB或以上机械硬盘

◇ 显卡：GTX1650 4G（GTX1630 4G）或 T600 4G

◇ 电源：额定400W或以上

问题摘录

学习思考

AI软件与PS软件在应用场景上有何异同？

表 1-2-1　PS CC 2023 版本安装的配置要求

项目	最低要求	推荐配置
处理器	支持64位的多核Intel或AMD处理器（具有SSE4.2或更高版本的2GHz或更快的处理器）	
操作系统	Windows 10 64位（版本20H2）或更高版本；不支持LTSC版本	
RAM	8GB	16GB或更多
显卡	● 支持DirectX 12 的GPU ● 1.5GB的GPU内存	● 支持DirectX 12 的GPU ● 4GB GPU内存，适用于4K及更高分辨率的显示器 ● GPU使用时间少于7年
显示器	● 1280×800 分辨率 ● 100%UI缩放	● 1920×1080 或更高分辨率 ● 100%UI缩放
硬盘	● 20GB可用硬盘空间	● 50GB可用硬盘空间 ● 内置SSD加快应用程序安装 ● 用于暂存磁盘的单独内部驱动器

1.2.4　Adobe Illustrator 软件概述

Adobe Illustrator简称AI，最早是由苹果公司麦金塔电脑设计开发的，由Adobe公司发行，是基于矢量的图形绘制软件。

软件优势： AI能提供丰富的像素描绘功能和便利的矢量图形编辑功能。因矢量图形放大到任何程度都保持清晰的特点，AI软件能够为线稿提供较高的精度和较好的控制，适合不同类型复杂项目的设计制作。AI与PS软件同为创意软件套餐中的重要组成部分，两者能够共享一些插件和功能，实现无缝连接。

应用场景： 平面标志设计、文字设计、包装设计、专业插画、印刷出版、书籍海报排版、网页设计制作等。

版本介绍： 1987年，Adobe Illustrator 1.1 版本诞生。2002年开始，Adobe Illustrator CS 版本推出。2013年开始，Adobe Illustrator CC版本推出。本书使用的是AI CC 2023 版本，图标如图1-2-4所示。AI CC 2023 版本安装

图 1-2-4　AI CC 2023 版本图标

的配置要求如表 1-2-2 所示。

表 1-2-2　AI CC 2023 版本安装的配置要求

项目	最低要求	推荐配置
处理器	支持 64 位的多核 Intel 处理器或 AMD Athlon 64 位处理器（具有 SSE4.2 或更高版本）	
操作系统	● Windows 10 64 位（版本 22H2）、Windows 11（版本 21H2、22H2） ● Windows Server 2019、2022	
RAM	8GB	16GB 或更多
显卡	● 最少 1GB GPU 内存 ● 支持 OpenGL4.0 或更高版本	● 4GB GPU 内存，适用于 4K 及更高分辨率的显示器
显示器	● 1024×768 分辨率 ● 要使用 Illustrator 中的"触摸"工作区，必须拥有运行 Windows 10 并启用了触控屏幕的平板电脑/显示器	● 1920×1080 或更高分辨率 ● 要使用 Illustrator 中的"触摸"工作区，推荐使用 Microsoft Surface Pro 3 ● 100%UI 缩放
硬盘	2GB 可用硬盘空间用于安装，安装过程中需要额外可用空间	使用 SSD

问题摘录

知识链接

SSD，固态硬盘，全称为 Solid State Drive，具有读写速度快、低耗无噪声、轻便的优点。

学习笔记

知识储备

> Adobe CS 版本和 CC 版本软件的区别
> 四大平面设计软件
> PS 软件的优势和应用场景
> AI 软件的优势和应用场景

理论闯关

一、填空题

1. Illustrator 软件用于绘制_____图形。

2. Photoshop 软件用于绘制_____图像。

3. PS 和 AI 是_____公司推出的创意设计软件。

4. _____软件更适合应用于书籍等长篇文稿排版。

二、选择题

1. 处理三维贴图，主要用以下哪种软件？（　　　）

　　A. Photoshop　　　B. Illustrator　　　C. Indesign　　　D. CorelDRAW

2. PS 软件更适用于以下哪几种场景？（　　　）（多选）

　　A. 处理图像　　　B. 调色修图　　　C. 特效合成　　　D. 图文排版

3. 操作对象主要是矢量图的设计软件是（　　　）。（多选）

　　A. Photoshop　　　B. Illustrator　　　C. Indesign　　　D. CorelDRAW

实践突破

下载 PS 2023 版本和 AI 2023 版本软件，并安装。

项目评价

经过这段学习之旅，你会为自己的学习成果打几颗星呢？请用心完成自我评价，肯定自己的成就，也积极寻找并改善不足之处。

项目实训评价表

项目	内容		评价星级
	学习目标	评价目标	
职业能力	掌握常用图形图像处理软件的类型和应用场合	能够描述常用图形图像处理软件有哪些	☆☆☆☆☆
		能够描述常用设计软件的应用场景	☆☆☆☆☆
	掌握 PS 和 AI 软件的基本概念	能够描述 PS 和 AI 软件的特点和优势	☆☆☆☆☆
		能够区分不同情境下可以使用哪种软件进行操作	☆☆☆☆☆
通用能力	分析问题的能力		☆☆☆☆☆
	解决问题的能力		☆☆☆☆☆
	自我提高的能力		☆☆☆☆☆
	自我创新的能力		☆☆☆☆☆
综合评价		☆☆☆☆☆	

1.3 软件工作界面

任务目标

1. 熟悉 PS 和 AI 软件的工作界面
2. 掌握文件的新建和存储方法

任务描述

在对图形图像处理软件有了基础认识以后，接下来就可以开始进行软件的操作和学习了。在这里我们将认识 PS 和 AI 软件的操作界面，熟悉文件的简单操作过程。

任务导图

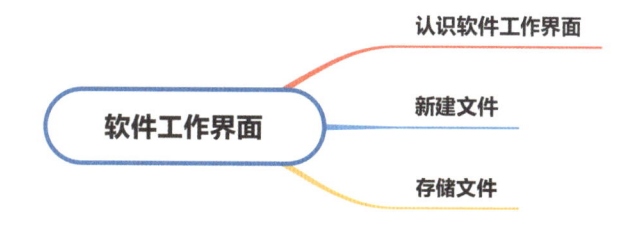

软件工作界面
- 认识软件工作界面
- 新建文件
- 存储文件

学习新知

1.3.1 认识软件工作界面

PS 和 AI 软件同为 Adobe 公司旗下的平面设计软件，具有相似的工作界面。双击应用程序图标，即可打开软件，其显示出来的工作界面如图 1-3-1 和图 1-3-2 所示。

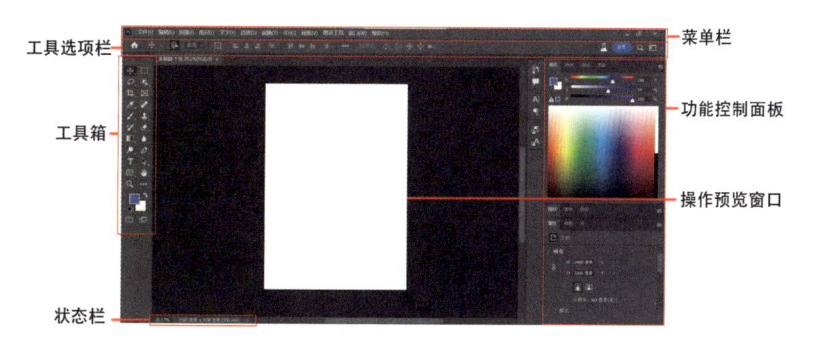

图 1-3-1 PS 工作界面

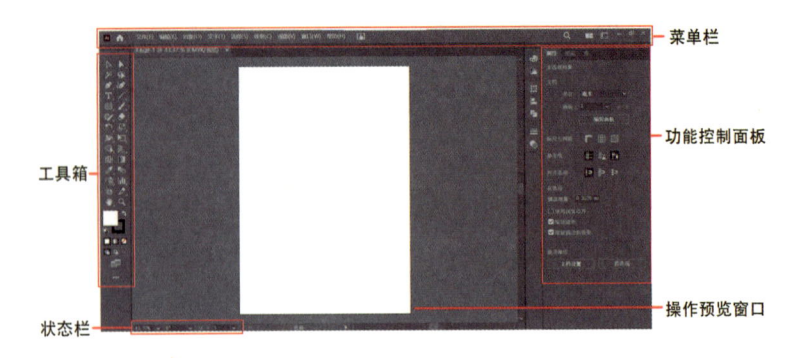

图 1-3-2　AI工作界面

PS软件工作界面主要包含菜单栏、工具选项栏、工具箱、功能控制面板、操作预览窗口和状态栏。AI软件工作界面相比PS少了工具选项栏。

菜单栏： 用分组的方式涵盖了软件中会用到的所有命令。

工具选项栏： 显示当前所选工具的相关属性，设置属性参数可以调整工具使用效果。AI软件界面的属性设置区默认与功能控制面板相结合，在窗口右侧呈现。

工具箱： 工具箱中包含了平面设计需要用到的，创建和编辑图形图像、页面视觉元素的所有工具和按钮。单击工具箱顶部的 ❯❯ 按钮，可以将工具箱从单排显示切换成双排显示。默认情况下，工具箱位于界面的最左侧。

功能控制面板： 也可称为浮动面板或者面板，以选项卡的形式成组出现。PS软件界面默认显示颜色面板、图层面板和属性面板，如图1-3-3至图1-3-5所示。AI软件界面默认显示属性面板，如图1-3-6所示。

学习笔记

知识链接

PS和AI软件界面中的部件，除了菜单栏外，都可以自由移动，可以根据自己的喜好去安排界面。如果想还原默认界面，可以点击界面右上角的 ▣ 按钮，在弹出的选项卡中选择"复位基本功能"，如下图所示。

图 1-3-3　PS 颜色面板

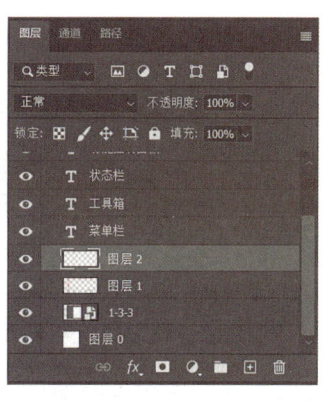

图 1-3-4　PS 图层面板

图 1-3-5　PS 属性面板

图 1-3-6　AI 属性面板

知识链接

PS 和 AI 软件界面中的部件如果被不小心关闭了，可点击菜单栏的"窗口"菜单，将对应的部件或者面板打开。如下图所示，所有打钩的部件或窗口都处于打开状态。

操作预览窗口：也称为工作区，是界面的主要部分，也是绘制的主要操作界面。

状态栏：PS 软件界面状态栏主要呈现画面缩放比例和图像信息，包括画布的宽和高以及分辨率数值。AI 软件界面状态栏主要呈现画面缩放比例、旋转角度和画板导航。

1.3.2　新建文件

在使用 PS 和 AI 软件绘图之前，需要先创建一个新的文件。打开软件以后，会分别出现如图 1-3-7 和图 1-3-8 所示画面。单击 PS 软件左上角"新文件"即可出现新建界面，如图 1-3-9 所示。单击 AI 软件左侧"新建"即可出现新建界面，如图 1-3-10 所示。

问题摘录

知识链接

新建文件的方式除了正文中提到的方式外，还有以下两种方式：

1. 按下键盘上"新建文件"的快捷方式组合键【Ctrl+N】，即可打开新建文件窗口。

2. 单击"文件"菜单，在下拉列表中单击"新建"，即可打开新建文件窗口。如下图所示。

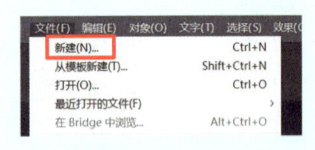

知识链接

印刷品在后期裁剪时会被裁掉的部分叫作出血，设置出血参数就是画出出血线。

快捷键小贴士

存储	【Ctrl+S】
存储为	【Shift+Ctrl+S】

图 1-3-7　PS打开界面

图 1-3-8　AI打开界面

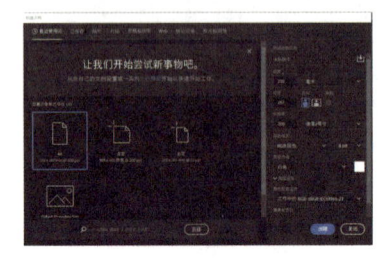

图 1-3-9　PS新建文件窗口

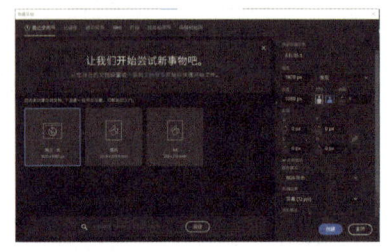

图 1-3-10　AI新建文件窗口

在"新建"对话框中，可对画布的宽度和高度以及颜色模式和屏幕分辨率进行设置。AI软件的"新建"对话框中还可对出血参数进行设置。"新建"对话框还可以选择常用的尺寸大小作为画板的大小。点击"确定"后，即可新建文件。

1.3.3　存储文件

在完成图形图像处理的操作以后，要及时对文件进行保存，以免因特殊情况造成文件的丢失或损坏。

如果想要保存文件，可以单击"文件"菜单，执行"存储"或"存储为"命令，如图1-3-11所示。PS软件保存的工程文件为PSD格式，AI软件保存的工程文件为AI格式，如图1-3-12和图1-3-13所示。

图 1-3-11　"存储"命令

图 1-3-12　PS存储工程文件　　图 1-3-13　AI存储工程文件

如果想保存为图片格式，可以执行"文件"—"导出"—"导出为"命令，如图1-3-14所示。PS软件执行"导出为"命令后，会弹出"导出为"对话框，可以保存的图片格式有JPG、PNG、GIF等，同时可以设置图像大小和画布大小，如图1-3-15所示。

图 1-3-14　PS "导出为" 命令

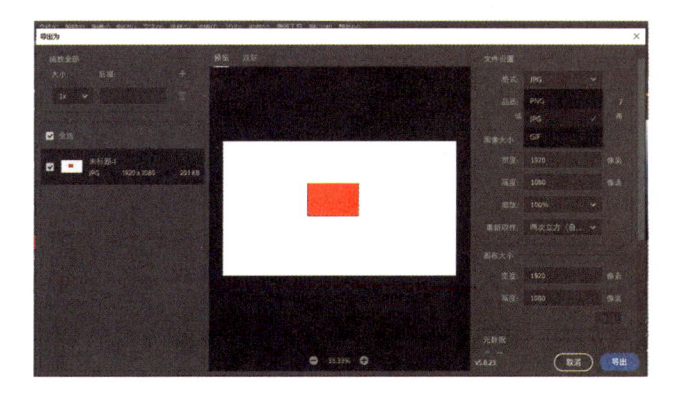

图 1-3-15　PS保存图片格式

✐ 学习笔记

🔗 知识链接

AI只有画板，没有画布。AI可以在画板以外的位置操作图形，而PS不能在画布以外的地方显示图像效果。

025

AI软件导出图像时，可以设置是否导出画板，以及导出画板的范围，如图1-3-16所示。

若在PS中仅对图像进行裁剪、调整参数等简单操作，可直接执行"存储为"命令，在"存储为"对话框中的文件名下拉列表中选择合适的图形图像文件格式进行保存，如图1-3-17所示。

图 1-3-16　AI保存画板

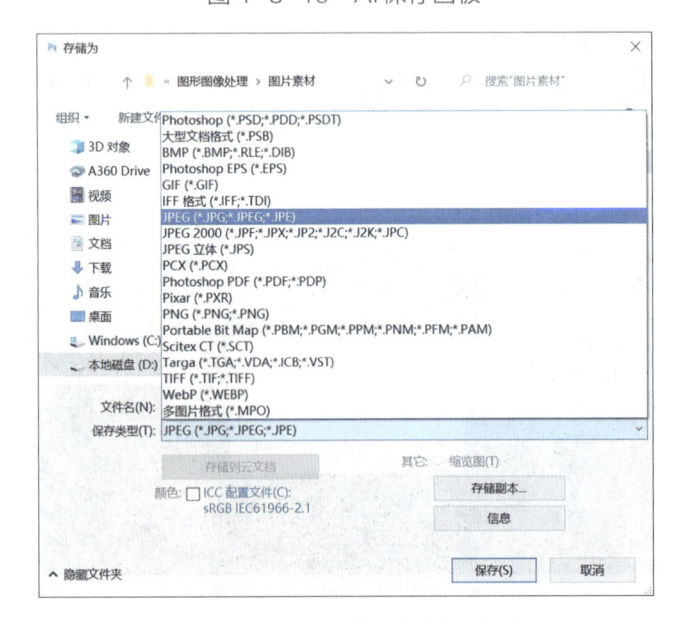

图 1-3-17　PS"存储为"对话框

知识储备

- PS 和 AI 界面部件
- 新建文件的方式
- 存储文件的方式

理论闯关

一、填空题

1. 新建文件的快捷键是_____。
2. 保存文件的快捷键是_____。
3. PS 软件创建的工程文件后缀名为_____，AI 软件创建的工程文件后缀名为_____。
4. 印刷品在后期裁剪时会被裁掉的部分叫作_____。
5. AI 只有_____，没有画布。

实践突破

新建与存储文件

要求：

1. 打开 PS 2023，新建一个 A4 大小，分辨率为 100，背景为透明的画布，存储工程文件和 PNG 格式文件。工程文件命名为"班级学号姓名 PS.psd"，PNG 格式文件命名为"班级学号姓名 PS.png"。
2. 打开 AI 2023，新建一个 A3 大小、横版的画板，出血上下左右均设为 3mm，存储工程文件和 JPG 格式文件。其中 JPG 格式文件仅保存画板范围。工程文件命名为"班级学号姓名 AI.ai"，JPG 格式文件命名为"班级学号姓名 AI.jpg"。

项目评价

经过这段学习之旅，你会为自己的学习成果打几颗星呢？请用心完成自我评价，肯定自己的成就，也积极寻找并改善不足之处。

项目实训评价表			
项目	内容		评价星级
^	学习目标	评价目标	^
职业能力	掌握图形图像处理软件中文件的基本操作	能够顺利使用PS和AI软件新建文件	☆☆☆☆☆
^	^	能够顺利使用PS和AI软件存储合适格式的文件	☆☆☆☆☆
通用能力	分析问题的能力		☆☆☆☆☆
^	解决问题的能力		☆☆☆☆☆
^	自我提高的能力		☆☆☆☆☆
^	自我创新的能力		☆☆☆☆☆
综合评价	☆☆☆☆☆		

PROJECT 2

项目二

"航天科技博物馆"
字体设计

图 形 图 像 处 理

导语

　　语言是传达思想感情的媒介，而文字是记录语言的符号，前者表现于"音"，后者表现于"形"。文字具有信息交流和知识传播的任务，"音""形""义"构成了文字的三要素。文字的产生，加快了我们认识自然、认识世界的速度。同时，文字是文明的基础，兼具文化传承的作用。文字记录了人类各种文化活动，成为国家、民族和宗教的象征。随着现代商业的快速发展，文字被赋予了新的功能和价值，具有商业象征性。

　　字体设计是平面设计中的重要组成部分，应用非常广泛，例如LOGO、标语、海报标题等。字体设计是按视觉设计规律，遵循一定的字体塑造规格和设计原则，对文字加以整体的精心安排，使之既能够传情达意，又能表现出使人赏心悦目的美感，让人们收获新的联想和感受。

　　字体设计的意义在于既可以使文字更生动、概括、突出地表达出其精神含义，又能够使文字本身更具视觉上的美感。从商业应用角度来说，字体能够使传达的内容具有经济效益和社会效益，成为一家企业或者一件商品的视觉形象。例如当我们谈起"海尔""小米""华为"等大众熟悉的品牌时，头脑中就会呈现出明确的文字形象。

　　在图形图像处理软件中，Illustrator具有强大的绘图工具和功能，可以轻松完成圆角、对称、倾斜等文字设计需要完成的各种任务。本项目的案例使用骨架构字法对中文字体进行创作，用两种不同的设计技法对英文字体进行设计。我们将在本项目中演示"航天科技博物馆"字体设计案例的操作，在实操过程中学习Illustrator的基础工具，并将这些工具灵活运用到文字设计中。

项目描述

文字设计需要考虑项目的需求和特点，合理表现文字三要素，对文字的"音""形""义"用平面设计的形式美学加以提炼，合理运用Illustrator软件设计制作出既符合现代造型特点，又融合图形创意元素，呈现艺术性和商业性有效融合的文字效果。本项目为"航天科技博物馆"设计专属特效字体，将以两个"航天科技博物馆"文字设计案例为基础，展示两种不同风格的字体设计效果，吸引每一个到博物馆参观的人，使其感受到科技的力量与美感。

项目要点

- 科技风中文字体设计
- 酸性英文字体设计
- Illustrator基础工具和操作应用

项目分析

在本项目的学习过程中，通过对汉字特点的分析，掌握汉字字体设计的时代性内涵，掌握汉字的属性和分类；通过对字体设计底层逻辑的分析与解构，掌握汉字字体设计的基本流程，并在实际案例中体会字体设计的方法和精髓；通过对实例字体的分析、设计、制作，掌握不同字体风格的特点；通过对中英文字体的设计与绘制，掌握Illustrator软件中的基础操作以及各种工具的功能和使用方法。

2.1 科技风中文字体设计

任务目标

1. 了解字体设计的底层逻辑
2. 了解骨架构字法的创作逻辑和流程
3. 掌握Illustrator软件中的基础操作
4. 掌握Illustrator软件中的基础工具

图形图像处理

任务描述

汉字是中华文化的表征，具有独特的时代特征和艺术美感。本任务以真实案例"中国航天博物馆"标题字体设计为例，展示字体设计的基本流程，结合操作过程演示Illustrator软件的基础操作，并讲解Illustrator软件中各种工具的功能和基本用法，使大家在操作中体会字体设计的韵味，在设计中掌握软件操作的方法。

任务导图

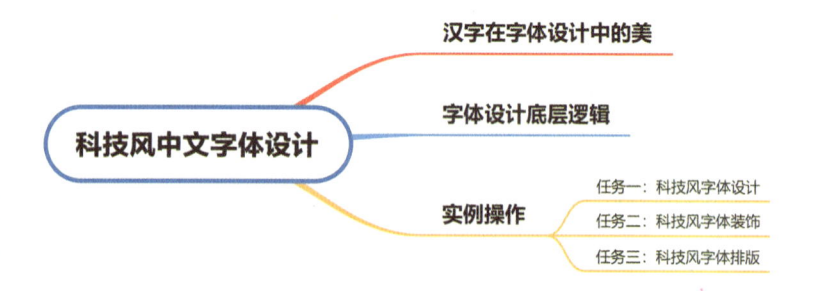

```
                            ┌── 汉字在字体设计中的美
                            │
  科技风中文字体设计 ────────┼── 字体设计底层逻辑
                            │
                            │              ┌── 任务一：科技风字体设计
                            └── 实例操作 ──┼── 任务二：科技风字体装饰
                                           └── 任务三：科技风字体排版
```

学习新知

2.1.1 汉字在字体设计中的美

设计是一种美学，是理性与感性的结合，也是传统和现代的融合。汉字文化历史悠久，汉字的形成和发展本身就是一种设计美学。

党的二十大结束后，习近平总书记外出考察，他在殷墟遗址考察时指出："中国的汉文字非常了不起，中华民族的形成和发展离不开汉文字的维系。"[1]一笔一画诉春秋，一撇一捺绣风华。<u>汉字不仅是记载、保存和传承悠久中华文化的重要载体，更是铸牢中华民族共同体意识的文化纽带。</u>汉字的发展经历了甲骨文、金文、大篆、小篆、隶书、楷书、草书、行书等阶段，这些在漫长的历史演变中形成的各种书写方式是字体发

思政小贴士

习近平总书记2014年5月指出："中国字是中国文化传承的标志。殷墟甲骨文距离现在3000多年，3000多年来，汉字结构没有变，这种传承是真正的中华基因。"[2] 2020年，国家启动了"古文字与中华文明传承发展工程"。

---

[1] 习近平：加强文化遗产保护传承 弘扬中华优秀传统文化.《求是》, 2024年第8期.
[2] 习近平看望少年儿童：精忠报国是一生的目标. http://www.xinhuanet.com//politics/2014-05/30/c_1110943512_2.htm.

032

展中所沉积的精心设计的结晶，具有鲜明的艺术特征。

汉字有三大特点：方块字、见形知义、形声字。

方块字源自周朝，周朝刻金文都要先打格子，为此汉字做了第一次正规化改造。到宋朝活字印刷术出现，人们开始在规则的方块模具里面造字，使字体四棱方正。

中国的汉字起源于甲骨文，其中大多是象形字，既是文字又是图形，每个文字都有独特的含义。因此汉字有见形知义的特点，很多字从字形、组成成分即可以联想到字义。

汉字中形声字占比较大。形声字是汉字的一种造字方式，由两个文或字复合成体，其中一个文或字表示事物的类别，另一个表示事物的读音。例如"茱萸"的"茱"，草字头"艹"表示植物，"朱"表示字音。

汉字具有图形化的特征，表现出审美的独特韵味。字体设计是平面设计中信息传达的重要元素之一，现代字体设计就要对汉字美学进行深入挖掘，融合艺术性和商业性。

2.1.2 字体设计底层逻辑

现在最常用的字体设计方法主要考虑两个方面的内容：一方面是**字体结构**，字体结构决定字的辨识度；另一方面是**字体笔锋**，字体笔锋决定字体的风格性情。我们称这种造字通用法则为骨架造字法，如图 2-1-1 所示。

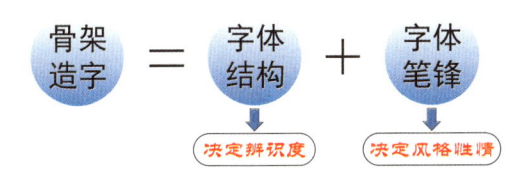

图 2-1-1　骨架造字法

骨架造字法主要包括以下几个步骤：确定字义风格，绘制骨架，形成轮廓，增加细节，统一原则。骨架造字法流程如图 2-1-2 所示。

学习思考

学习了汉字的三大特点后，请你思考一下，如何将汉字的特点应用到汉字的字体设计中。

问题摘录

知识链接

"飞白"是书法创作中通过书写的不同力度使笔画中夹杂丝丝点点的白痕，与黑色的浓墨产生对比，增加软笔字体的韵律感，呈现出苍劲灵动的感觉。如下图所示。在进行软笔字体设计的过程中可以添加"飞白"效果，丰富软笔字体的视觉效果。

知识链接

在字体设计中，经常使用对偏旁、部首、笔画等进行删减或修改的技法。例如：

① 把笔画中的"点"换成直线，如下图所示。

② 把笔画中的"点"换成圆点或圆圈，如下图所示。

③ 把笔画中的部首"日"变成圆形态，如下图所示。

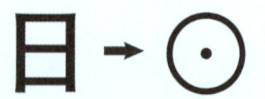

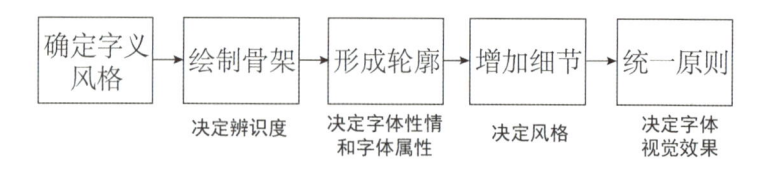

图2-1-2 骨架造字法流程

（确定字义风格→决定辨识度；绘制骨架→决定字体性情和字体属性；形成轮廓→决定风格；增加细节；统一原则→决定字体视觉效果）

第一步：确定字义风格

当我们进行字体设计时，需要思考的问题有很多，例如字体所属产品的特点、品牌含义、受众群体、应用场景，字体的情感表达、风格特点，等等。在确定该字体所要表达的含义后，我们就可以确定字体所属的类别，或者说是字体性情。例如，具有男性力量感、沉稳的字体，以黑体为代表，有笔画粗壮、留白少、重心偏下、转折笔直等特点；具有女性优雅感的字体，以等线圆体为代表，有纤细、重心偏高、转折有弧度等特点；具有老年人苍劲有力且有中国文化氛围感的软笔字体，有笔画飞白、沧桑感等特点；具有儿童可爱活泼感的字体，有圆润、不规则、扩张等特点。此外，还有带有魔幻、恐怖、活力等性情的字体。常见字体性情特点对比如表2-1-1所示。

表2-1-1 常见字体性情对比

字体示例	永	永	永	永
字体性情	男	女	老	少
特点	粗壮、沉稳、重心偏低、转折笔直	优雅、纤细、重心偏高、转折有弧度	苍劲有力、软笔字体、有飞白	可爱活泼、圆润、不规则、扩张

第二步：绘制骨架

确定字体性情后，即可开始绘制字体骨架。先找到一款合适的字体，并输入需要设计的字体内容，如图2-1-3所示。在此基础上，根据确定好的字体性情，绘制出字体骨架，如图2-1-4所示。字体骨架，或者说字体结构，在绘制过程中可以对笔画进行删减或者修改，但不能影响字体的可识别性。

中国航天　中国航天

图 2-1-3　绘制骨架参考字体效果　　图 2-1-4　字体骨架效果

第三步：形成轮廓

骨架绘制完毕后，就可以调整字体的属性到适合字体性情的状态。字体属性包括字重、字怀、重心等。字重指字体的笔画粗细，笔画粗字体就显得重，笔画细字体就显得轻，如图 2-1-5 所示。字怀指笔画之间留白的部分，与字重有关，笔画粗字怀就小，笔画细字怀就大，如图 2-1-6 所示。重心指字体视觉中心点的高低，重心失衡会让字体看上去不稳或者字形不正，但在某些特殊情况下可以特意调整字体重心以符合字体的性情。

重　重　　乃　乃
（重）（轻）　（字怀大）（字怀小）

图 2-1-5　字重对比　　图 2-1-6　字怀对比

第四步：增加细节

对字体细节的修饰需要考虑添加字体风格特有的元素，以及产品语义相关的图形元素，调整倾斜度、色彩、排版等。

修饰字体细节的首要考虑是对字体的基本形做出统一调整。字体的基本形包括横、竖、撇、捺、点、折等几类，如图 2-1-7 所示。字体设计需要做到基本形的特点统一。字体设计的排版要结合字形以及语义断句来进行。

图 2-1-7　宋体字形部分基本形

④ 把笔画中的横笔画变成竖笔画，如下图所示。

月→冂

⑤ 把笔画中的横笔画变成倾斜笔画，如下图所示。

目→目

⑥ 把笔画中的竖钩变成竖折，如下图所示。

亅→丨

⑦ 把笔画中的部首"口"变成圆形，如下图所示。

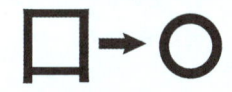

口→○

⑧ 去掉部首"口"中的部分笔画，如下图所示。

口→冂

⑨ 把笔画中的部首"口"的一边处理成圆弧形，如下图所示。

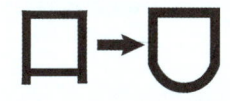

口→∪

⑩ 把笔画中的部首"八"或者"人"处理成向上的箭头，如下图所示。

八→∧

⑪ 把笔画中的"草字头"处理成两个加号，如下图所示。

艹 → ⁺⁺

⑫ 把笔画中的部首"尸"的左上竖笔画省略，如下图所示。

尸 → ⼽

⑬ 把笔画中的部首"曰"处理成回形纹，如下图所示。

曰 → ⊇

⑭ 把笔画中的"单人旁"处理成横折，如下图所示。

亻 → ⼅

⑮ 把笔画中的"四点底"处理成点和横，如下图所示。

灬 → ·—

⑯ 把笔画中的部首"口"变成菱形，如下图所示。

口 → ◇

第五步：统一原则

字体设计要注意以下几点原则：

✓ 笔画特点统一
✓ 整体风格统一
✓ 比例结构尽量一致
✓ 保证可识别性

完成字体设计后，还可对字体效果进行设置，使字体更贴合主题或者品牌风格，在背景中凸显出来，如图2-1-8所示。

图2-1-8　突出显示

2.1.3　任务一：科技风字体设计

任务要求：为"航天科技博物馆"设计宣传特效字体，未来会应用于博物馆的海报、宣传册、周边产品等，要能够体现中国航天的特点和精神，具有科技感。

科技风字体设计

1.确定字义风格

本任务设计的字体内容为"中国航天"，字体性情偏稳重，字体风格为科技风。确定字义风格后，我们正式开始学习用Illustrator设计"中国航天"字体。

2.绘制骨架

1）鼠标左键双击Illustrator软件图标，进入AI 2023的打开界面。鼠标左键单击"新建"按钮，打开"新建文档"对话框，新建一个200mm×200mm的画板，设置完毕后鼠标左键单击"创建"按钮，如图2-1-9所示。

图2-1-9　"新建文档"界面

2）保存工程文件。执行"文件"—"存储"命令，设置工程文件名为"项目2.1.ai"，如图2-1-10所示。单击"保存"按钮后，弹出"Illustrator选项"对话框，默认选项，单击"确定"按钮即可保存工程文件，如图2-1-11所示。

3）输入文字。鼠标左键单击左侧工具栏中"文字工具"，如图2-1-12所示。在画板的空白区域单击鼠标左键，出现文字的预设画面，如图2-1-13所示。直接输入"中国航天"字样。

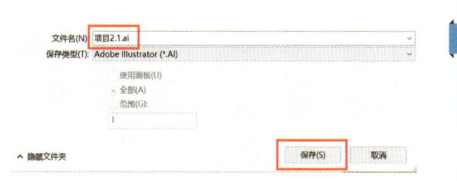

图2-1-10 "存储"窗口

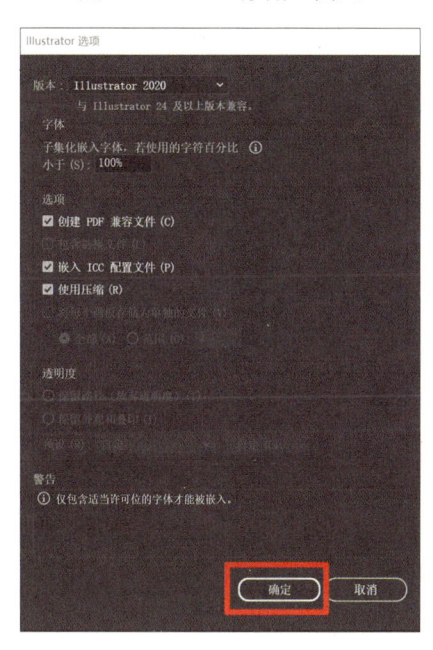

图2-1-11 "Illustrator选项"对话框

图2-1-12 文字工具

图2-1-13 文字预设画面

快捷键小贴士

新建	【Ctrl+N】
打开	【Ctrl+O】

学习思考

"存储"的快捷方式是什么？

知识链接

在Illustrator中可以在工具栏长按鼠标左键打开工具下拉列表，在"文字工具"的下拉列表中可以选用所有文字相关的工具，如下图所示。

在Illustrator中可以在右侧"字符"面板和"段落"面板修改文字相关属性，点击三个点图案的"更多选项"可以打开完整的设置窗口，如下图所示。

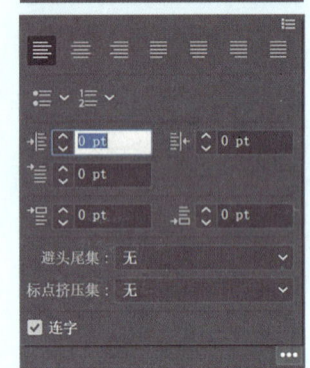

4)修改字体属性。鼠标左键按住不放把"中国航空"选中,在界面右侧字符属性框修改字体大小为 100 磅(pt),如图 2-1-14 所示。修改字体为"黑体",属性修改完后效果如图 2-1-15 所示。

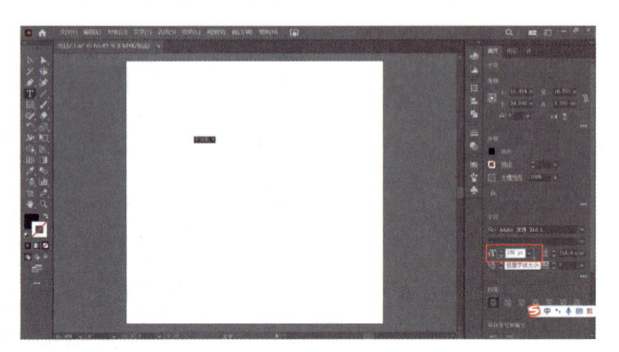

图 2-1-14 修改字体大小

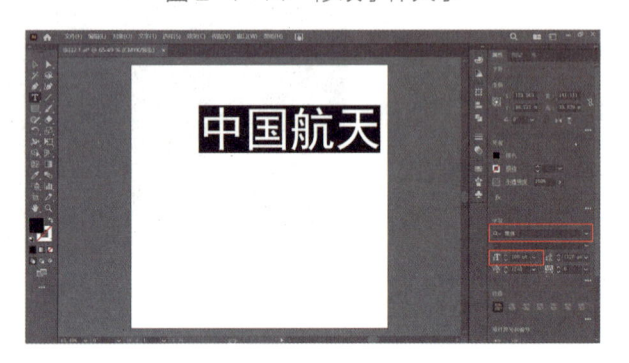

图 2-1-15 修改字体

5)设置骨架绘制的参考层。鼠标左键双击"填色"图标,如图 2-1-16 所示,打开"拾色器"对话框,并设置颜色值为"#BBBBBB",单击"确定"按钮,如图 2-1-17 所示。

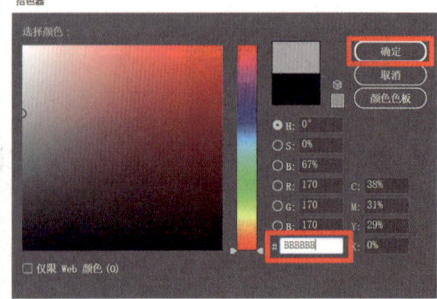

图 2-1-16 "填色"图标　　图 2-1-17 修改字体颜色

"航天科技博物馆"字体设计 项目二

6）锁定参考层字体。执行"对象"—"锁定"—"所选对象"命令，如图2-1-18所示，锁定参考层字体，方便绘制字体骨架。

> **快捷键小贴士**
>
> | 锁定 | 【Ctrl+2】 |
> |---|---|
> | 解锁 | 【Ctrl+Alt+2】 |

图 2-1-18 "锁定"对象

7）绘制字体骨架。鼠标左键单击工具箱中的"矩形工具"，如图2-1-19所示。鼠标左键双击"填色"图标，设置成黑色填充，并单击"填色"图标右上角的"互换填色和描边"图标，如图2-1-20所示，将描边颜色设置为黑色，填色为无。在选定"矩形工具"的情况下，将鼠标移至"中"字上，按住【Alt】键滚动鼠标滚轮，放大视图到合适位置。鼠标按住左键不放，在"中"字上绘制一个矩形，如图2-1-21所示。

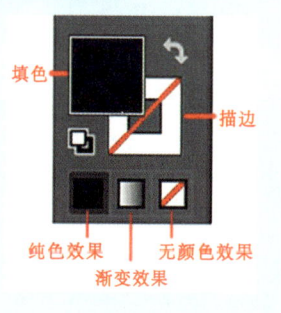

> **知识链接**
>
> 按【X】键可切换对"填色"操作还是对"描边"操作。按【Shift+X】可"互换填色和描边"。按【D】键设置"默认填色和描边"，即为白色填色加黑色描边。

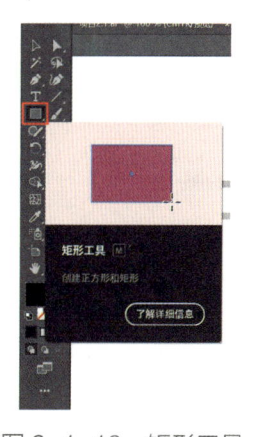

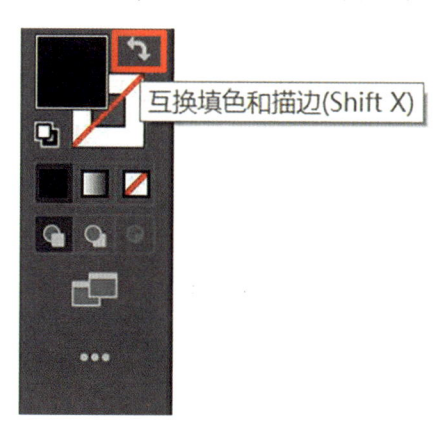

图 2-1-19 矩形工具　　图 2-1-20 互换填色和描边

039

学习笔记

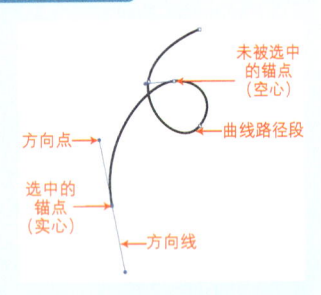

知识链接

路径由一个或多个直线或曲线线段组成，每个线段用锚点标记起点和终点。拖动路径的锚点、方向点或路径本身，都可以改变路径的形状。方向线的角度和长度会改变路径弯曲的形状。

"钢笔工具"通过绘制锚点以及控制方向线达到绘制路径的目的。绘制好路径后，按【Enter】键结束绘制。绘制过程中，按【Ctrl】键可以移动锚点位置，按【Alt】键临时切换成"锚点工具"，可以调整方向线。

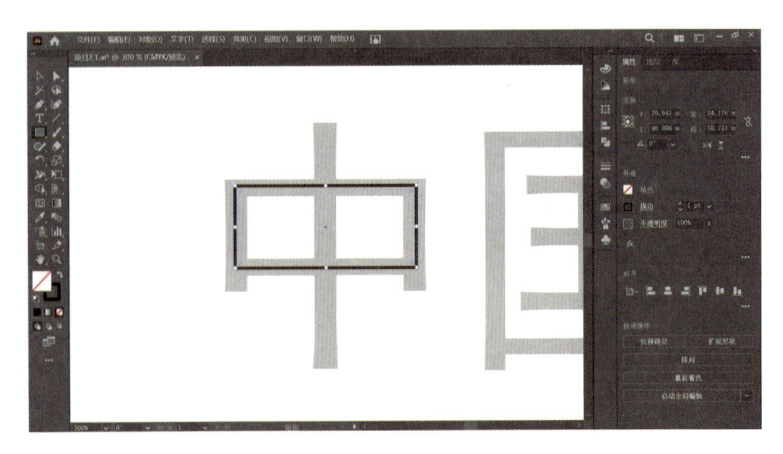

图 2-1-21 "矩形工具"绘制文字骨架

8）绘制完整文字骨架。鼠标左键单击"钢笔工具"，鼠标在"中"字竖笔画的顶端点击一下，按住【Shift】键向下拉直线至竖笔画低端，按【Enter】键结束钢笔绘制的路径。绘制"中"字骨架效果如图 2-1-22 所示。利用"矩形工具"和"钢笔工具"，完成字体骨架的绘制初稿，如图 2-1-23 所示。在绘制"航天"两个字时，注意按住【Shift】键，这样绘制出来的路径呈现 45° 倾斜，使骨架特征统一。细节效果如图 2-1-24 所示。

图 2-1-22 "中"字骨架　　图 2-1-23 骨架效果初稿

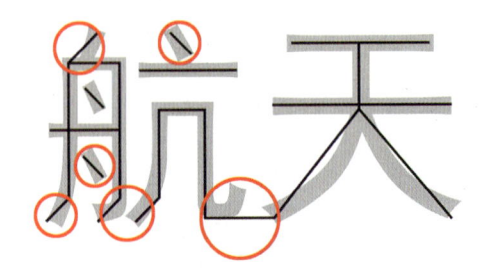

图 2-1-24 骨架细节效果

3.形成轮廓

1)创建字体轮廓。鼠标左键单击"选择工具",如图2-1-25所示。按住鼠标左键不放,框选所有的骨架,单击鼠标右键,在弹出的下拉列表中单击"编组"选项,如图2-1-26所示,使所有骨架联合成一个整体。在右侧外观窗口中设置描边粗细为11pt,效果如图2-1-27所示。

快捷键小贴士

| 编组 | 【Ctrl+G】 |

问题摘录

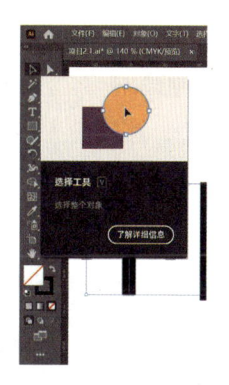

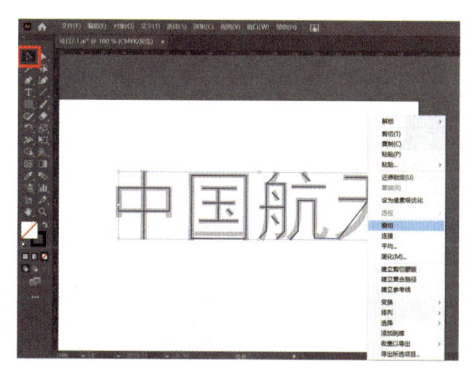

图2-1-25　选择工具　　图2-1-26　编组操作

图2-1-27　设置描边粗细

2)将描边效果变成填色效果。在选中字体的情况下,执行"对象"—"扩展"命令,如图2-1-28所示。在弹出的对话框中单击"确定"按钮,如图2-1-29所示。描边扩展成填色后的效果如图2-1-30所示。

学习笔记

快捷键小贴士

缩放视图	【Alt+鼠标滚轮】
100%比例	【Ctrl+1】
全部显示画板	【Ctrl+Alt+0】

图 2-1-28 "扩展"操作　　图 2-1-29 "扩展"对话框

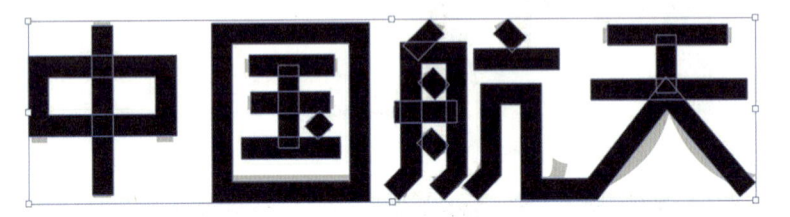

图 2-1-30　扩展后效果

3）设立调整参考线。执行"视图"—"标尺"—"显示标尺"命令，如图 2-1-31 所示。鼠标移到左上方标尺，按住左键，向下拖出两条参考线到"国"字上下轮廓线上，如图 2-1-32 所示。

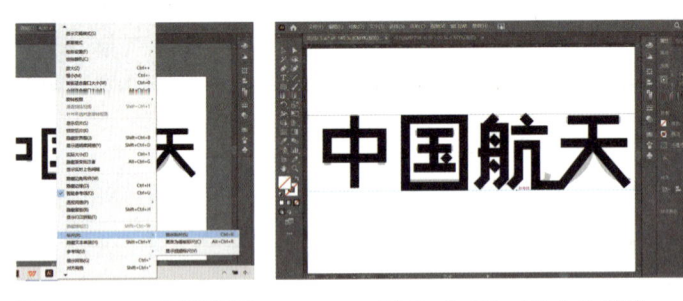

图 2-1-31　显示标尺　　图 2-1-32　建立参考线

4）微调轮廓，使字体视觉效果统一。选择工具箱中的"直接选择工具"，如图 2-1-33 所示。按住【Alt】键滚动鼠标滚轮放大视图，鼠标左键框选"中"

字竖笔画上方的两个锚点，如图 2-1-34 所示，将两个锚点的位置拉直与参考线齐平。按住【空格】键，将视图移至"国"字中"、"的位置，用"直接选择工具"点选"、"的任意一个锚点，再转换成"选择工具"，如图 2-1-35 所示。按住 Shift 键缩小"、"的大小，并用"直接选择工具"调整"、"的形状，效果如图 2-1-36 所示。以此类推，利用"选择工具"和"直接选择工具"将"中国航天"字样调整到视觉效果统一状态。按快捷键【Ctrl+Alt+2】解锁参考层，将灰色的参考字体按【Delete】键删除，最终字体效果如图 2-1-37 所示。

知识链接

缩放视图的中心点是鼠标所在位置。移动画面中心的方式是按住【空格】键并用鼠标拖动画面。

知识链接

"选择工具"可以选中整个对象，"直接选择工具"可以选择对象上的某一个或某几个锚点进行调整。

快捷键小贴士

选择工具	【V】
直接选择工具	【A】

图 2-1-33　直接选择工具　　图 2-1-34　选中锚点

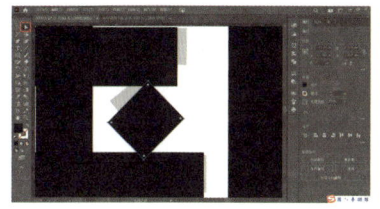

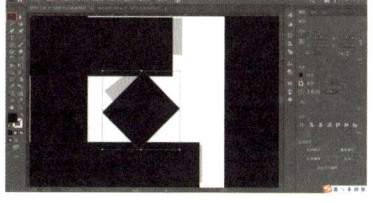

图 2-1-35　选中"、"

图 2-1-36　"、"的效果　　图 2-1-37　字形效果

> **知识链接**
>
> 字体按字形的不同可分为衬线字体和无衬线字体。衬线字体起源于英文字体，特点是笔画的开始和结尾有额外的装饰，并且笔画粗细不同。无衬线字体的笔画没有装饰，粗细相同，结构更简单。两种字体的区别如下图所示。

衬线字体　无衬线字体

2.1.4　任务二：科技风字体装饰

本任务的字体风格为科技风，因此字体选用无衬线字体，书写路径皆为直线，方向为横向/纵向和45°倾斜。在字体装饰上多用菱形、三角形等几何体，用直线加以分割，干脆利落，体现芯片样式的科技感。考虑到航天元素，可以增加星形、星球、航天飞船等图案加以装饰。

科技风字体装饰

1.设计字体基本形

设计字体基本形效果如图 2-1-38 所示。

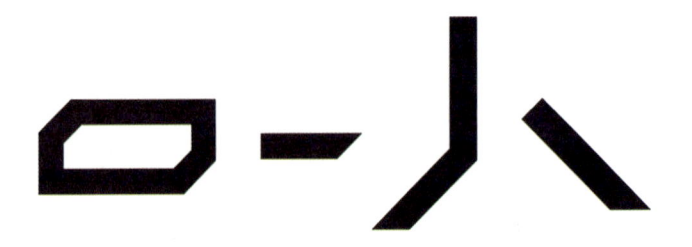

图 2-1-38　字体基本形

1）绘制"口"基本形。在"选择工具"状态下，选中"中国航天"字体，单击鼠标右键，在下拉列表中选择"取消编组"选项，如图 2-1-39 所示。将鼠标移至"国"字中"玉"字的竖笔画上，按住【Alt】键，并按住鼠标左键复制一个相同的矩形到边上空白处，将其填充色修改为红色，便于识别。将鼠标移至红色矩形边角外侧时，鼠标会变成有双向箭头的弯曲样子，这时按住【Shift】键，并按住鼠标左键将其向右旋转 45°，如图 2-1-40 所示。

图 2-1-39　取消编组 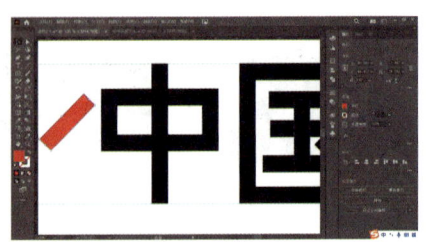　　图 2-1-40　绘制红色矩形

将红色矩形放置在"中"字上,红色矩形左下方和右下方的锚点与"中"字外轮廓重合,如图2-1-41所示。鼠标左键按住,框选"口"和红色矩形。选择工具箱内的"形状生成器工具",如图2-1-42所示。按住【Alt】键,鼠标按住左键划过需要减去的区域,如图2-1-43所示。松开【Alt】键,鼠标按住左键划过需要合并的区域,如图2-1-44所示,合并后将填色调整回黑色。以此类推,完成"口"基本形绘制,完成"中"字字形绘制,用相同的方法完成"国"字中"口"的绘制,效果如图2-1-45所示。

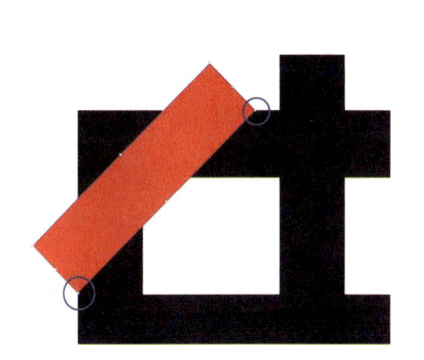

图2-1-41 对齐 图2-1-42 形状生成器工具

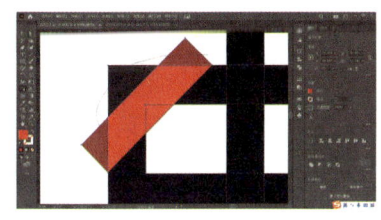

图2-1-43 减去区域 图2-1-44 合并区域

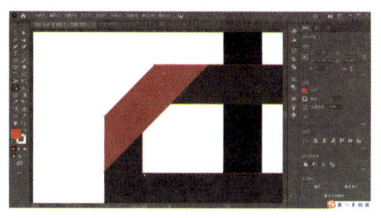

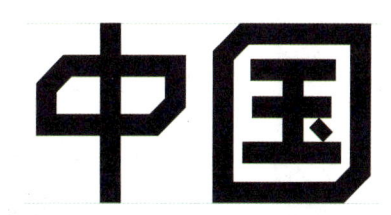

图2-1-45 "口"字形调整效果

用相同方法完成"航"字中"几"的效果调整，如图2-1-46所示。对"航"字中"舟"的处理，先用"选择工具"把撇笔画移开，再用上述方法完成"舟"的效果调整，如图2-1-47所示。最后将撇笔画移回原位，调整后"航"字效果如图2-1-48所示。

图2-1-46 "几"效果　　图2-1-47 "舟"效果　　图2-1-48 "航"字效果

2）绘制横笔画基本形。选择"矩形工具"，按住【Shift】键在空白区域绘制一个正方形，并将填色修改为红色，RGB值为（255，0，0）。将红色正方形向右旋转45°，按住【Alt】键将红色正方形复制一个到边上空白区域备用。将红色正方形移至"国"字中横笔画上方，让横笔画右上角锚点与红色正方形的边重合，如图2-1-49所示。鼠标左键点选横笔画，按住【Shift】键加选红色正方形。单击"窗口"菜单，在下拉列表中选择"路径查找器"选项，如图2-1-50所示。打开"路径查找器"窗口后，鼠标单击形状模式下第二个图标"减去顶层"，如图2-1-51所示。横笔画修改后效果如图2-1-52所示，所有横笔画修改完后效果如图2-1-53所示。

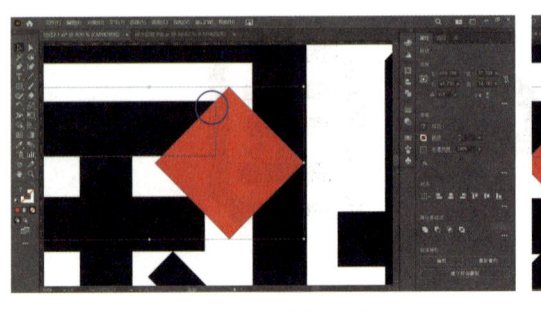

图2-1-49　绘制正方形　　图2-1-50　选择"路径查找器"

图 2-1-51　减去顶层　　图 2-1-52　横笔画调整效果

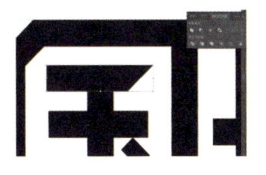

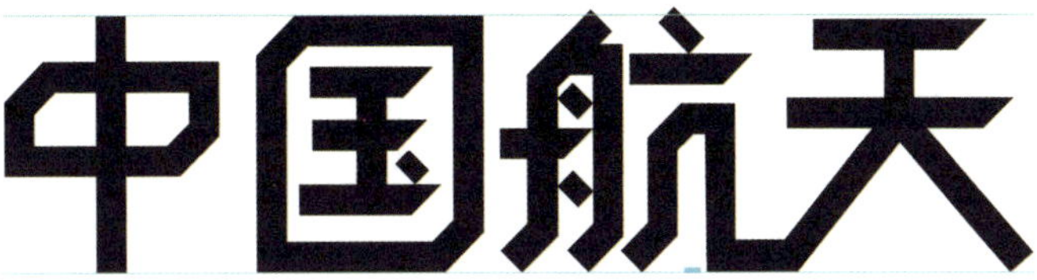

图 2-1-53　所有横笔画调整效果

知识链接

"路径查找器"是 Illustrator 中最常用和最实用的工具面板。通过对两个对象进行布尔运算（交集、并集、差集的运算），形成新图形的创建，其功能如下图所示。按住【Alt】键点击"路径查找器"上图标可以生成"复合形状"，双击"复合形状"后可以对对象进行修改。

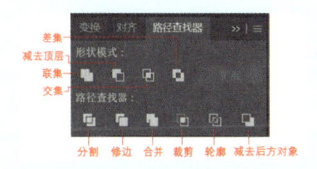

3）绘制撇捺笔画基本型。选择"直接选择工具"，点击"航"字的撇笔画左下角锚点，按住【Shift】键将该锚点移至参考线上，效果如图 2-1-54 所示。全部调整完后的效果如图 2-1-55 所示。

图 2-1-54　撇笔画调整效果　　图 2-1-55　全部调整后效果

学习笔记

4）调整视觉效果统一。用"选择工具"和"直接选择工具"调整字体的部分笔画位置关系，让字体效果趋于和谐。设计没有固定范式，只要是好看的、和谐的、美的，就不失为一种好的设计。调整后效果如图 2-1-56 所示。

图 2-1-56　视觉效果统一

2.增加科技感细节装饰

1）准备工作。将"中国航天"四个字中所有连着的部分视为一个整体。选择"选择工具",单击"中"字的"口",按【Shift】键加选竖笔画,在"窗口"菜单调出"路径查找器"窗口,选择"形状模式"的"联集"按钮,使"中"字成为一块填色区域。以此类推,对另外三个字也完成以上操作,效果如图2-1-57所示。

图2-1-57 联集操作后效果

2）增加芯片样式装饰。鼠标在空白处单击一下,然后双击"填色"图标,将填色设置为红色（255,0,0）,单击 按钮,切换成红色描边。选择"钢笔工具",按住【Shift】键在"中"字上绘制如图2-1-58所示纹路,并在右侧属性框将描边粗细设置为2pt。执行"对象"—"扩展"命令,将该路径扩展为填色模式,选择"选择工具",按住鼠标左键框选"中"字的红色纹路部分,调出"路径查找器"窗口,单击"减去顶层"图标,完成效果如图2-1-59所示。鼠标左键单击添加纹路的"中"字,单击鼠标右键,在下拉列表中单击"取消编组"选项。

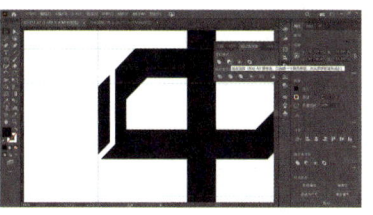

图 2-1-58 绘制纹路　　图 2-1-59 纹路效果

3）完成全部纹路绘制。注意，每次进行"减去顶层"操作前，要观察是否执行"取消编组"命令。按照上述流程完成，效果如图 2-1-60 所示。为方便查看效果，可删除参考线：在"选择工具"下，单击一条参考线，按【Shift】键加选剩下的参考线，按【Delete】键即可删除。

图 2-1-60　完整纹路效果

4）增加星形装饰。鼠标移至"矩形工具"上，长按左键，打开工具下拉列表，选择"星形工具"，如图 2-1-61 所示。在空白区域按住左键拉并成一个五角星，同时按住【Shift】键形成一个正五角星，确定大小后松开鼠标左键。单击"描边"按钮，再单击"颜色"按钮，如图 2-1-62 所示，使五角星变成带黑色描边的五角星。选择"选择工具"，单击"国"字中的"、"，按【Delete】键删除，移动并缩小五角星到原先"、"的位置，并将描边设置为 2pt。鼠标移至五角星上，按住左键并按住【Alt】键，复制一个五角星，替换"航"字中"亢"字中的"、"，效果如图 2-1-63 所示。

学习笔记

问题摘录

知识链接

所有的形状工具在创建时都可以使用以下快捷方式：按住【Shift】键可以绘制固定比例的"正"形状，按住【Alt】键可以以鼠标为中心绘制形状。绘制多边形和星形时，可以按上、下方向键来增加、减少多边形边数以及星形的角点数。"星形工具"状态下，按住【Ctrl】键可以在绘制星形时调整内外半径的比例关系。在空白区域单击一下鼠标左键，会弹出形状工具的对话框，如下图所示，可以设置形状的参数。

图 2-1-61　星形工具　　　图 2-1-62　操作过程

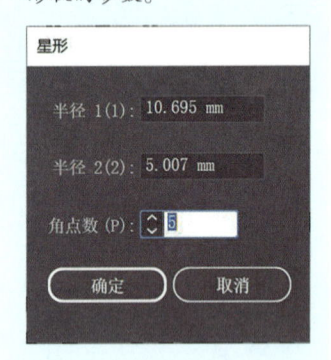

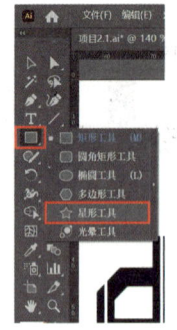

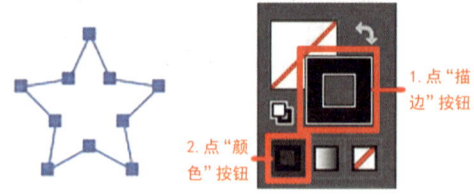

图 2-1-63　装饰后字体效果

2.1.5　任务三：科技风字体排版

本任务中的字体需要应用于海报、宣传册、周边产品等，为了适应不同物品的需要，除了横版字体外，还需要设计多种不同版式的字体。因此，需要对横版字体进行变形，设计出竖版和错行版字体。

科技风字体排版

1. 竖版字体制作

1）移动位置。选择"选择工具"，按住鼠标左键框选"中国航天"，按住【Alt】键复制一份到空白区域备份。鼠标从左侧标尺上拖出一条垂直方向的参考线，移至"中"字最左边的轮廓上，鼠标在原字样上选中"航天"，将其移到"中国"下面靠近参考线的位置，如图 2-1-64 所示。

图 2-1-64　移动效果

2）连接"航"字和"中"字。放大视图，用"直接选择工具"将"航"字笔画与"中"字笔画延长相连，如图2-1-65所示。调整周围笔画的锚点，使相连笔画过渡和谐，如图2-1-66所示。

图 2-1-65　延长笔画　　　图 2-1-66　笔画调整

3）调整"航天"字样宽度与"中国"一致。缩小视图，在"国"字最右侧拉一条参考线，用"直接选择工具"调整"航天"字样的间距，使"天"字横笔画最右侧对齐参考线，如图2-1-67所示。

图 2-1-67　调整后字效

2.错行版字体制作

1）重新排列。用"选择工具"对之前备份的字样进行重新排列，如图2-1-68所示。从比例上看，"中"字偏小，将"中"字调大一些，用"直接选择工具"将"中"字竖笔画的粗细调到与"国"的边框粗细一致，并调整"国"字的纹路与"中"字相连，如图2-1-69所示。

/ 学习笔记

/ 问题摘录

♪ 知识链接

调整对象位置过程中，可以按方向键微调位置。

问题摘录

知识链接

要删除一个对象，可以使用"选择工具"选中对象后按【Delete】删除。

要删除一个锚点，可以用"删除锚点工具"单击这个锚点，删除后路径仍然相连，效果如下图所示。

要删除锚点还可以用"直接选择工具"选中这个锚点，按【Delete】键删除，删除后路径断开，如下图所示。

图 2-1-68 重新排列　　图 2-1-69 调整比例

2）修改纹路走向。鼠标左键长按"钢笔"工具组，选择"添加锚点工具"，如图 2-1-70 所示。在"国"字纹路上添加两个锚点，如图 2-1-71 所示。用"直接选择工具"调整纹路，如图 2-1-72 所示。

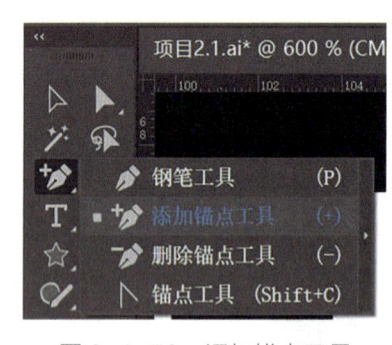

图 2-1-70 添加锚点工具　　图 2-1-71 添加锚点

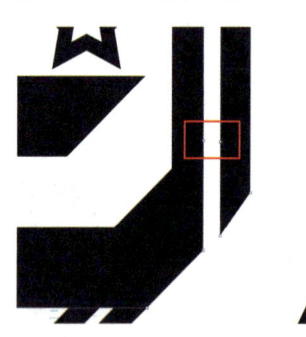

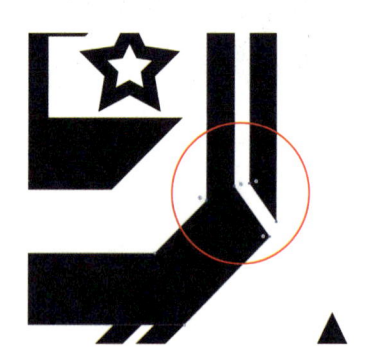

图 2-1-72 调整纹路

3）调整位置和个别笔画。拖动一条竖的参考线到"国"字最左侧轮廓上，用"直接选择工具"延长"航"字横笔画到参考线上,如图2-1-73所示。用"选择工具"选中"航"字中"亢"的横笔画,按【Delete】键删除横笔画。用"直接选择工具"选中"天"字锚点,如图2-1-74所示,按上方向键向上移动锚点位置。延长"天"字第二笔横笔画,使其成为"亢"的横笔画,如图2-1-75所示。

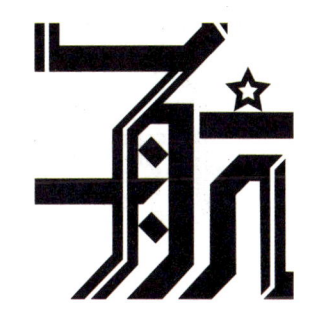

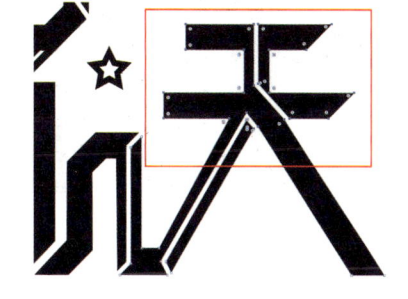

图2-1-73 延长笔画　　图2-1-74 移动锚点位置

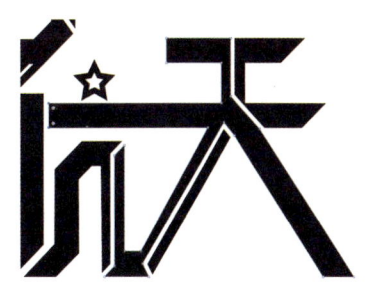

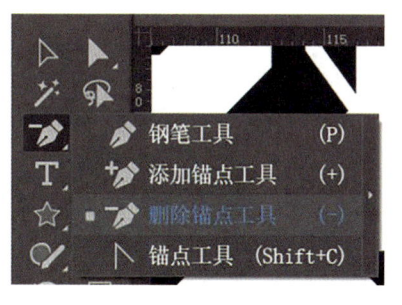

图2-1-75 调整后　　图2-1-76 删除锚点工具

可见"天"字纹路未对齐,需要调整。鼠标左键长按"钢笔"工具组,选择其中的"删除锚点工具",如图2-1-76所示。单击"天"字上的两个锚点进行删除,如图2-1-77所示。选择"直接选择工具",调整"天"字纹路,效果如图2-1-78所示。

图2-1-77 删除锚点　　图2-1-78 "天"字效果

4）微调字体。用"直接选择工具"选择"航"字中"几"的锚点，如图2-1-79所示。按右方向键移动锚点位置，微调后整体效果如图2-1-80所示。

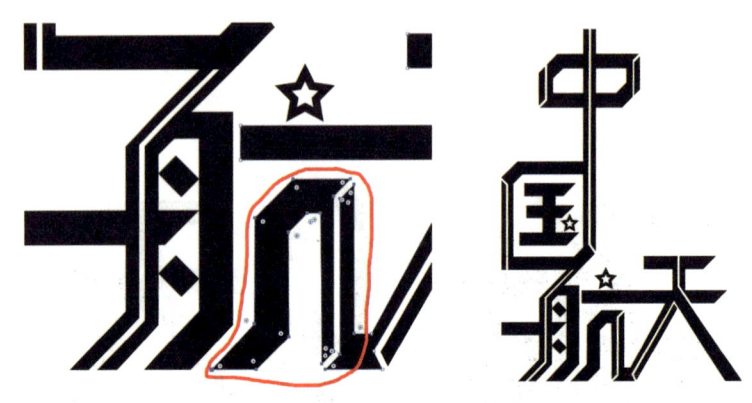

图 2-1-79　微调　　　　　图 2-1-80　整体效果

知识储备

▶ 汉字的特点
▶ 字体设计底层逻辑
▶ AI软件基本操作：绘制、移动、删除、复制、调整对象等，填色与描边
▶ AI软件基本工具：选择、直接选择、钢笔、文字、矩形、星形、形状生成器

理论闯关

一、快捷键填空题

操作	快捷键	操作	快捷键
存储		加选对象	
新建		等比例绘制形状	
打开		以鼠标为中心绘制形状	
编组		以鼠标为中心等比例绘制形状	
缩放视图		锁定	
100%比例显示		取消锁定	
显示全部画板范围		复制对象	

二、选择题

1. 在Illustrator中，哪个工具可用于添加和编辑文本？（　　）
   A. 文本工具　　　B. 路径工具　　　C. 图层工具　　　D. 魔术棒工具

2. 在Illustrator中，Ctrl+G的快捷键组合用于什么操作？（　　）
   A. 进行编组对象　　B. 粘贴图像　　C. 复制图层　　D. 放大或缩小对象

3. 在Illustrator中，直接选择工具的快捷键是什么？（　　）
   A. V　　　　　　B. A　　　　　　C. P　　　　　　D. M

4. 在Illustrator中使用"椭圆工具"时，按住键盘上哪个键可以绘制出正圆？（　　）
   A. Alt　　　　　B. Ctrl　　　　C. Tab　　　　　D. Shift

5. 当使用"星形工具"时，按住下列哪个键可以在绘制过程中进行移动？（　　）
   A. Shift　　　　B. Ctrl　　　　C. 空格　　　　　D. Tab

6. 曲线锚点通常由下列哪几部分组成？（　　）（多选）
   A. 方向线　　　　B. 方向点　　　C. 路径片段　　　D. 锚点

7. 使用钢笔工具可绘制开放路径，若要终止此开放路径，下列哪个操作是正确的？（　　）（多选）
   A. 在路径外任意一处单击鼠标
   B. 双击鼠标
   C. 在工具箱中单击任意工具
   D. 执行"编辑"—"取消所有选择"命令

8. 关于矩形、椭圆及圆角矩形工具的使用，下列哪些叙述是正确的？（　　）（多选）
   A. 在绘制矩形时，起始点为右下角，鼠标只需向左上角拖移便可绘制一个矩形
   B. 如果要以鼠标单击点为中心绘制矩形、椭圆及圆角矩形，使用工具的同时按住【Shift】键就可以实现
   C. 在绘制圆角矩形时，如果希望长方形的两边呈对称的半圆形，可在圆角矩形对话框中使圆角半径值大于高度的一半
   D. 如果欲显示图形的中心点，首先确定图形处于选择状态，然后在属性面板上单击"显示中心"按钮

实践突破

为"冲上云霄"四个字设计字体

要求：

1. 字体风格为科技风。
2. 字体性情为稳重、大气。
3. 为文字增加如图 2-1-81 所示芯片感纹路装饰。
4. 对文字进行错落排版。

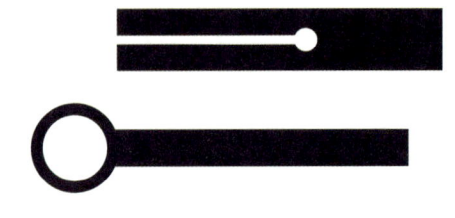

图 2-1-81　芯片感纹路装饰

项目评价

经过这段学习之旅，你会为自己的学习成果打几颗星呢？请用心完成自我评价，肯定自己的成就，也积极寻找并改善不足之处。

<table>
<tr><th colspan="4">项目实训评价表</th></tr>
<tr><th rowspan="2">项目</th><th colspan="2">内容</th><th rowspan="2">评价星级</th></tr>
<tr><th>学习目标</th><th>评价目标</th></tr>
<tr><td rowspan="4">职业能力</td><td rowspan="2">掌握汉字字体设计的基本流程</td><td>能够描述汉字的特点</td><td>☆☆☆☆☆</td></tr>
<tr><td>能够描述汉字字体设计的基本流程和思路</td><td>☆☆☆☆☆</td></tr>
<tr><td rowspan="2">掌握Illustrator软件的基本操作和基本工具</td><td>能够用Illustrator软件对图形对象进行基本操作</td><td>☆☆☆☆☆</td></tr>
<tr><td>能够在不同场景下灵活使用Illustrator软件工具</td><td>☆☆☆☆☆</td></tr>
<tr><td rowspan="4">通用能力</td><td colspan="2">分析问题的能力</td><td>☆☆☆☆☆</td></tr>
<tr><td colspan="2">解决问题的能力</td><td>☆☆☆☆☆</td></tr>
<tr><td colspan="2">自我提高的能力</td><td>☆☆☆☆☆</td></tr>
<tr><td colspan="2">自我创新的能力</td><td>☆☆☆☆☆</td></tr>
<tr><td>综合评价</td><td colspan="3">☆☆☆☆☆</td></tr>
</table>

2.2 酸性英文字体设计

任务目标

1. 了解酸性设计的特点
2. 掌握Illustrator软件中混合工具与画笔工具的灵活运用

任务描述

英文字体设计更多是基于原有英文字体进行再创造。本任务基于"中国航天"的英文标题进行实例设计制作，结合时下热门的酸性设计，灵活使用Illustrator软件中的工具，用两种不同的技法完成酸性英文字体设计，使大家在案例操作中体会Illustrator软件中混合工具和自定义画笔的妙用，领略酸性字体设计的迷幻感和未来感。

任务导图

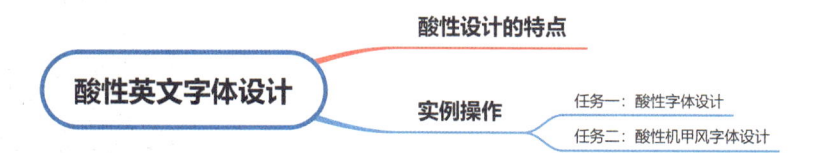

酸性英文字体设计
- 酸性设计的特点
- 实例操作
  - 任务一：酸性字体设计
  - 任务二：酸性机甲风字体设计

学习新知

2.2.1 酸性设计的特点

酸性设计是由英文单词acid design直译过来的，"酸性"指视觉上的迷幻效果。酸性风格最早起源于20世纪60年代西方的迷幻摇滚文化，现在是设计圈很流行的设计风格，被设计师通过视觉形式呈现出来。酸性设计既复古又新潮，同时充满了未来感，是时下设计师的心头好。

酸性设计有五大特征。

1. 材质特征

多使用液态金属、玻璃、铝箔、镭射金属等材质，这类材质自带未来感，以特效般的颜色和光泽突出画面的迷幻效果。玻璃质感如图2-2-1所示。

图2-2-1 玻璃质感

学习笔记

学习思考

查找具有酸性特征的字体，并分析字体上有哪些酸性元素。

问题摘录

2.颜色特征

多使用饱和度高的颜色，与黑色、灰色、银色相结合，且多采用霓虹的荧光渐变色，来体现酸性设计中元素多、层次丰富的感觉。镭射渐变如图2-2-2所示。

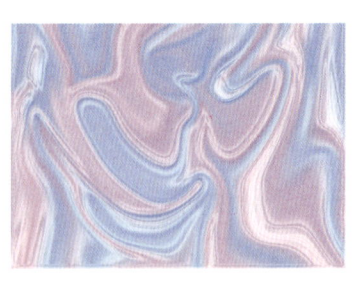

图2-2-2 镭射渐变

3.字体特征

多呈现集合、锯齿、扭曲、流动的样式，并叠加金属光泽或水波纹质感的彩虹色纹理，颇具风格化。金属光泽字体如图2-2-3所示。

图2-2-3 金属光泽字体

4.元素特征

多加入欧普风格的图形，类似黑白棋格或者变化式条纹等，通过几何图形的重叠组合形成复杂而杂乱的效果，从而体现酸性设计中"流动"的特性。

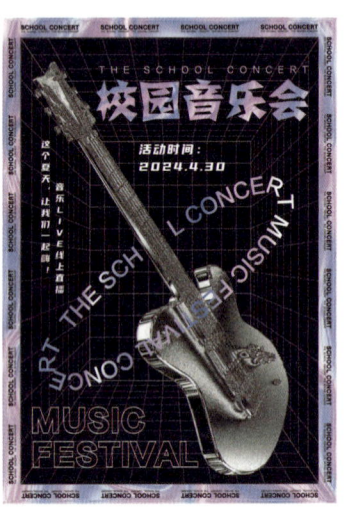

5.排版特征

多以扭曲、颠倒、重复、液化等效果来呈现，打破了排版的常规性，构建出独特的艺术氛围，呈现出未来科技、反乌托邦的场景。酸性海报设计如图2-2-4所示。

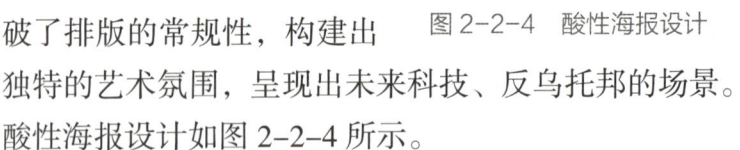

图2-2-4 酸性海报设计

2.2.2 任务一：酸性字体设计

任务要求：为"航天科技博物馆"设计宣传特效英文字体，与中文字体结合，营造未来感。

酸性字体设计

1.确定字义风格

本任务设计的字体内容为"CHINA AEROSPACE",选择无衬线字体作为基础进行设计,字体风格为酸性,带有冲破界限的未来感。在字体设计中运用Illustrator工具增加字体的尖锐元素。

2.酸性字体设计制作

1)绘制文字基础层。鼠标左键双击Illustrator图标,打开Illustrator软件,新建一个200mm×200mm的画板,并存储工程文件名为"项目2.2.ai"。选择"文字工具",在画板空白处输入"CHINA AEROSPACE"字样,设置字体为"Gill Sans Ultra Bold",大小为45pt,如图2-2-5所示。选择"选择工具",执行"对象"——"扩展"命令,将文字扩展为填色路径。

图 2-2-5　文字基础层

2)设置尖锐效果。按住【Alt】键向下复制一层文字,鼠标左键长按"宽度工具",在打开的工具列表中选择"晶格化工具",如图2-2-6所示。放大视图到字母"H"上,鼠标左键双击"晶格化工具",打开"晶格化工具选项"对话框,设置画笔宽度和高度均为6mm,如图2-2-7所示。将鼠标移至"H"上,使鼠标中心位于"H"内,长按鼠标左键在"H"上绘制如图2-2-8所示效果。

图 2-2-6　晶格化工具

学习笔记

知识链接

"晶格化工具"所在的工具组中,都是对形状进行变形操作的工具,下面将对这些工具进行功能介绍。

"变形工具"是对形状进行推拉调整,效果类似Photoshop里的液化。

"旋转扭曲工具"可以对有路径的地方进行旋转扭曲,如下图所示。

"缩拢工具"可以使形状向鼠标中心点缩拢,如下图所示。

"膨胀工具"可以使形状向画笔边缘膨胀，如下图所示。

"扇贝工具"可以对形状做毛发状的变形。若画笔中心点在形状外，则形状向外生成扇贝形状；若画笔中心在形状内，则形状向内生成扇贝形状。如下图所示。

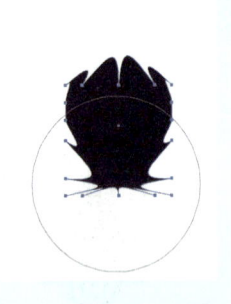

"晶格化工具"与"扇

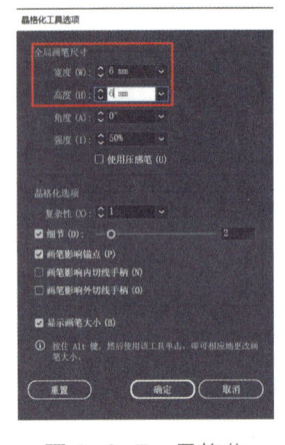

图 2-2-7 晶格化工具选项

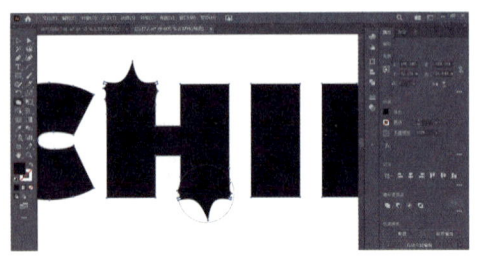

图 2-2-8 字母"H"尖锐效果

用相同方法完成字母"N""E""S"的尖锐效果绘制。将鼠标移至字母"R"和"P"的空心处，短按鼠标左键，形成如图 2-2-9 所示效果。放大视图到字母"A"上，按住【Shift+Alt】键和鼠标左键，鼠标往右上方移动，"晶格化工具"的画笔大小会等比例增大，增大到比"A"尖头略大，使鼠标中心在"A"上，长按鼠标左键，绘制"A"成如图 2-2-10 所示效果。相同字母用同样的方式进行操作，最终效果如图 2-2-11 所示。

图 2-2-9 字母"R"和"P"尖锐效果

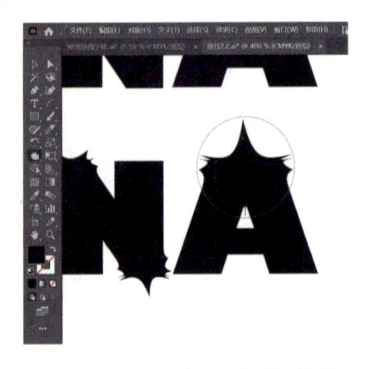

图 2-2-10 字母"A"效果

CHINA AEROSPACE

图 2-2-11　尖锐最终效果

3）字母"I"效果绘制。放大视图到字母"I"上，鼠标左键长按"晶格化工具"，在下拉工具组中选择"膨胀工具"，如图 2-2-12 所示。双击"膨胀工具"打开"膨胀工具选项"对话框，将画笔宽度和高度均设为 6mm，点击"确定"按钮，如图 2-2-13 所示。将鼠标中心移至"I"上方，画笔边线靠近"I"上方的两个锚点，长按鼠标左键，形成凹陷效果。用相同方式绘制字母"R"和"P"，效果如图 2-2-14 所示。

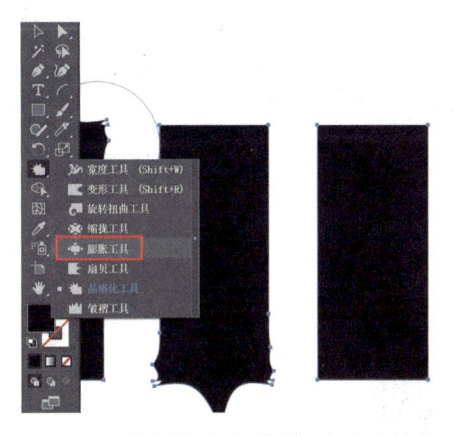

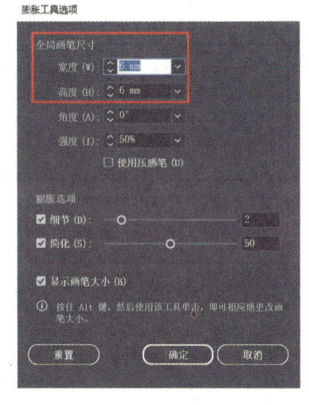

图 2-2-12　膨胀工具　　　图 2-2-13　膨胀工具选项

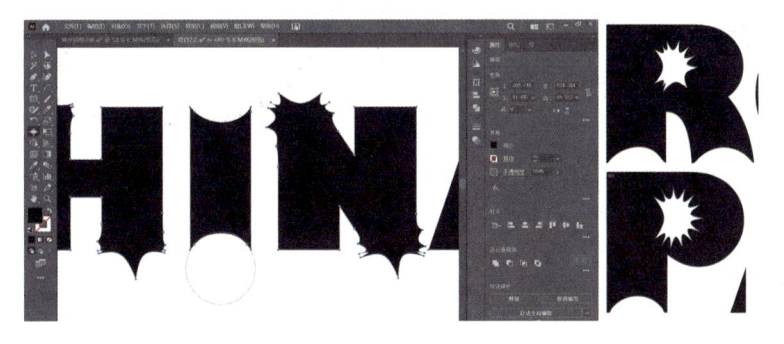

图 2-2-14　凹陷字母效果

4）字母"C"和"O"效果绘制。选择"选择工具"，单击字符串，单击鼠标右键，选择"取消编

贝工具"正相反，可以对形状产生较粗、较多的尖角。若画笔中心点在形状外，则形状向外生成尖角形状；若画笔中心在形状内，则形状向内生成尖角形状。如下图所示。

"褶皱工具"可以使形状产生波浪形的变形，默认是对形状产生垂直方向的波浪效果，如下图所示。

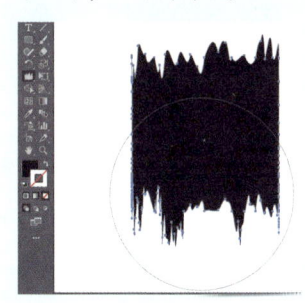

以上介绍的工具，均可双击工具图标打开参数列表调整画笔参数。按住【Alt】键往左下方移动可以缩小画笔大小。

组"。选择字母"C",单击"互换填色和描边"按钮,将"C"设置成描边状态。鼠标在"橡皮擦工具"上长按左键,在打开的下拉工具选项中选择"剪刀工具",如图2-2-15所示,在"C"的转折锚点上点击一下,即可剪断路径,如图2-2-16所示。选择"选择工具",单击"C",单击鼠标右键,在下拉列表中选择"释放复合路径",如图2-2-17所示,鼠标在空白处单击一下,再点击剪下来的两段直线路径,按【Delete】键删除,如图2-2-18所示。

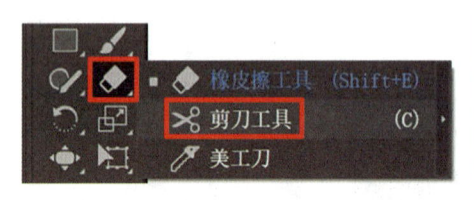

图2-2-15 剪刀工具　　图2-2-16 剪断路径

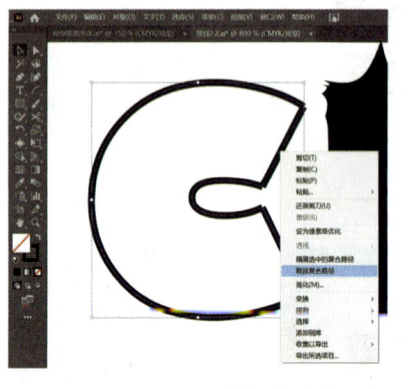

图2-2-17 释放复合路径　　图2-2-18 删除路径

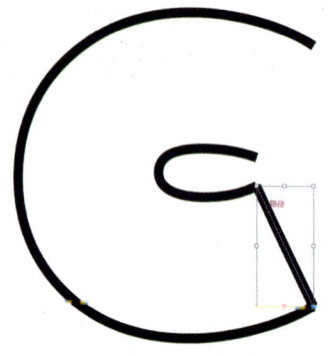

单击"C"内曲线,按【Shift】键加选外曲线,执行"对象"—"混合"—"建立"命令,如图2-2-19所示,双击左侧工具栏"混合工具",如图2-2-20所示,打开"混合选项"对话框,设置间距为"指定的步数",数值为4,单击"确定"按钮,如图2-2-21所示。对"C"做"扩展"操作,选择"选择工具",

双击"C"进入编组内，选中最内侧曲线和最外侧曲线设置描边为2pt，如图2-2-22所示，完成后在空白处双击即可退出编组内模式。用相同方法完成字母"O"的效果，最终完整字体效果如图2-2-23所示，将其编组。

知识链接

"混合工具"可以分为颜色混合和形状混合，是由一种颜色或形状过渡到另外一种颜色或形状。"混合工具"可实现的效果如下图所示。

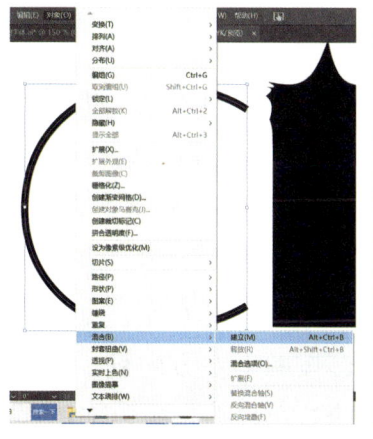

图 2-2-19　建立混合

图 2-2-20　混合工具

快捷键小贴士

复制	【Ctrl+C】
粘贴	【Ctrl+V】
剪切	【Ctrl+X】
复制到上一层	【Ctrl+F】

图 2-2-21　混合选项

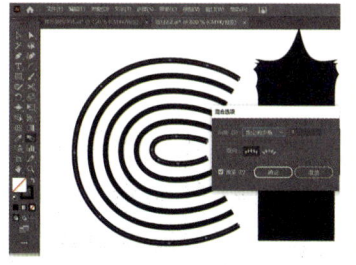

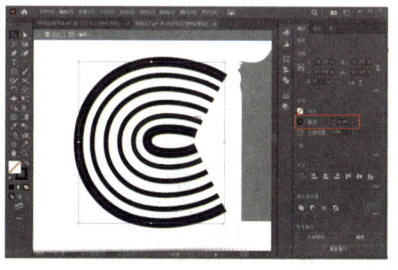

图 2-2-22　"C"字形

图 2-2-23　最终完整效果

3.字体排版设计

1）对中英文字体进行排版。将"项目 2.1.ai"文件拖入 AI 2023 软件打开，选中其中的横排字体"中国航天"，按【Ctrl+C】复制，到文件"项目 2.2.ai"文件空白区域按【Ctrl+V】粘贴。单击鼠标右键，在下拉选项中选择"取消编组"选项，用"选择工具"选中"国"字范围，用上方向键使"国"字整体上移，

知识链接

"对齐"对话框内可以设置所选对象的对齐方式，如下图所示。

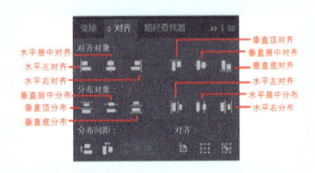

学习笔记

将英文字体移入"中"字右下角位置，如图 2-2-24 所示。

图 2-2-24　中英文位置

2）微调位置。将英文字体"取消编组"，将最右侧的字母"E"按住【Shift】键水平移到"航"字左侧，选中所有英文字母，执行"窗口"—"对齐"命令，打开"对齐"窗口，单击"分布对象"下的"水平居中分布"图标，如图 2-2-25 所示。鼠标在空白处单击一下，然后选中第一个"A"，按两下左方向键，选中第二个"A"，按两下右方向键。分别选中"CHINA"和"AEROSPACE"再次进行"水平居中分布"操作，效果如图 2-2-26 所示，按一下左方向键将"N"向左移一点。最终效果如图 2-2-27 所示。

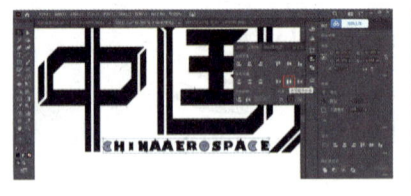

图 2-2-25　水平居中对齐　　　图 2-2-26　再次对齐

图 2-2-27　最终排版效果

2.2.3　任务二：酸性机甲风字体设计

任务要求： 为"航天科技博物馆"设计宣传特效英文字体，营造未来感，字体设计风格统一，体现机甲风格元素。

酸性机甲风字体设计

1. 确定字义风格

本任务设计的字体内容为"CHINA AEROSPACE"，字体风格为酸性。在字体设计中运用Illustrator画笔工具统一字体，在绘制过程中增加字体的机甲风格元素，例如三角形元素、镂空元素等。

2. 设计制作画笔

1）绘制画笔外部造型。选择"矩形工具"，在文件"项目2.2.ai"空白处绘制一个长条矩形，在右侧属性栏将矩形的宽度设为110mm、高度设为7mm，如图2-2-28所示。在工具箱"剪刀工具"处长按鼠标左键，在工具下拉列表中选择"美工刀"，如图2-2-29所示。放大视图到矩形左下角，将鼠标移至矩形左下角锚点外侧，按住【Alt+Shift】键，用"美工刀"在矩形上画出一道向右上倾斜45°的直线，将矩形分成两部分，如图2-2-30所示。选择"选择工具"，鼠标在空白处单击一下，选择切开的三角形按【Delete】键删除。选择"美工刀"，将剩下的形状切割成如图2-2-31所示的形状块。

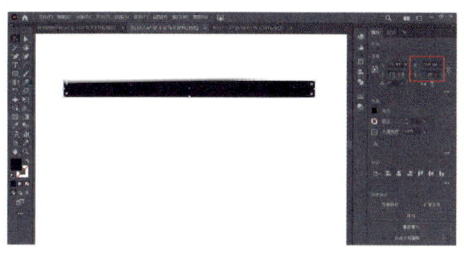

图2-2-28 绘制矩形　　图2-2-29 美工刀

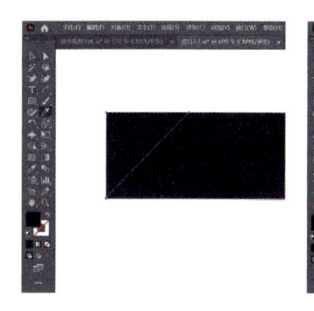

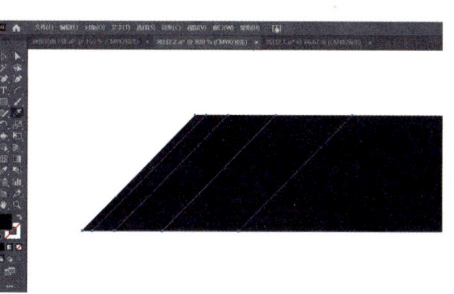

图2-2-30 分割矩形　　图2-2-31 美工刀切割效果

知识链接

对一个对象单击鼠标右键，在弹出的下拉列表中可选择"变换"中的操作对对象进行变换，包括移动、旋转、镜像、缩放、倾斜，如下图所示。

选择"选择工具"，在空白处单击一下，框选左侧四块形状，按两下左方向键，再在空白处单击一下，框选左侧三块形状，按三下左方向键，以此类推，完成操作效果如图2-2-32所示。视图移至矩形最右侧，按住【Alt+Shift】键用"美工刀"从右下角锚点处画出一道向左倾斜45°的直线，选择"选择工具"删去切割下来的三角形。将左侧四块形状选中，单击鼠标右键，在下拉列表中执行"变换"—"镜像"命令，在打开的"镜像"对话框中选择"垂直"，单击"复制"，如图2-2-33所示。将复制的四块形状按住【Shift】键平移到右侧斜切处，并按两下右方向键，形成如图2-2-34所示效果。

图2-2-32 移动效果　　图2-2-33 镜像

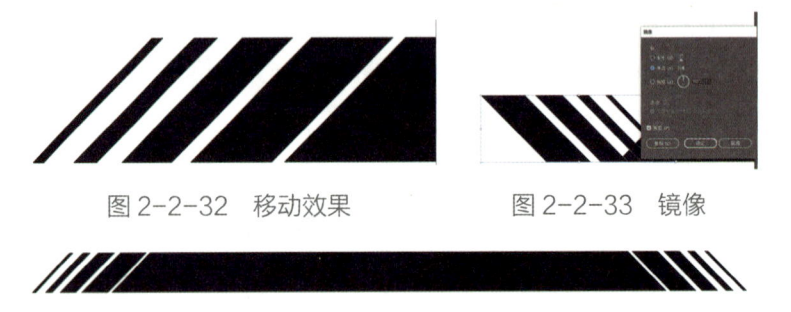

图2-2-34 外部造型

2）装饰机甲风元素。选择"矩形工具"，在空白处绘制4mm×4mm的正方形，在左侧工具箱长按"比例缩放工具"，在打开的下拉工具列表中选择"倾斜工具"，如图2-2-35所示。双击"倾斜工具"打开"倾斜"对话框，设置倾斜角度为45°，点击"确定"，如图2-2-36所示。选择"旋转工具"，按住【Alt】键将旋转中心点移到正方形右上角的锚点，如图2-2-37所示。在弹出的"旋转"对话框中将角度设为180°，点击"复制"，如图2-2-38所示。

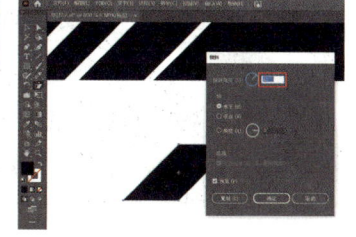

图 2-2-35　倾斜工具

图 2-2-36　倾斜 45°

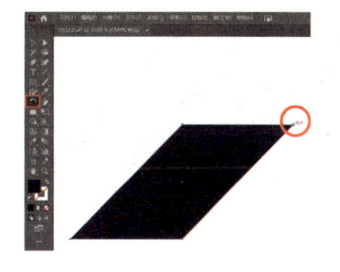

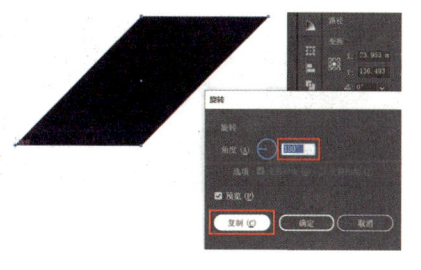

图 2-2-37　移动旋转中心点

图 2-2-38　旋转 180°

知识链接

"倾斜工具"和"旋转工具"的效果与鼠标右键打开的"变换"效果是一致的,使用"倾斜工具"和"选中工具"的好处就是可以修改对象的操作中心点。在选定"倾斜工具"和"旋转工具"的情况下,按住【Alt】键即可修改倾斜中心点和旋转中心点。

选择"选择工具",选中两个菱形,按【Ctrl+G】编组,将填色改成红色(255,0,0)。在"倾斜工具"上长按鼠标左键,选择工具组中的"比例缩放工具",如图 2-2-39 所示。双击"比例缩放工具",打开对话框,设置缩放比例为等比 50%,点击"确定",如图 2-2-40 所示。选择"选择工具",将两个菱形移至如图 2-2-41 所示位置,并复制一份到边上备用。选中底下的黑色形状和上面的两块红色菱形,打开"路径查找器",单击"减去顶层"。将备份的两块红色菱形进行垂直方向的镜像对称,移动后进行"减去顶层"操作,效果如图 2-2-42 所示。

学习思考

"比例缩放"对话框中的"比例缩放描边和效果"选项有何作用?如果不勾选这个选项,在进行比例缩放时描边效果会有怎样的变化呢?

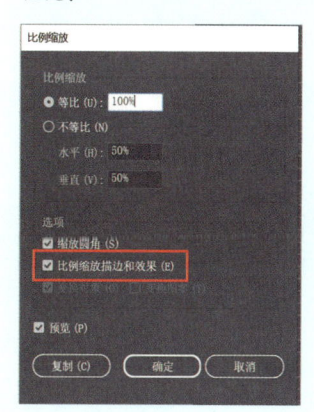

图 2-2-39　比例缩放工具

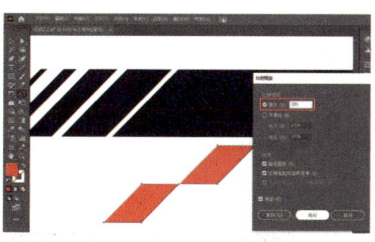

图 2-2-40　缩放 50%

067

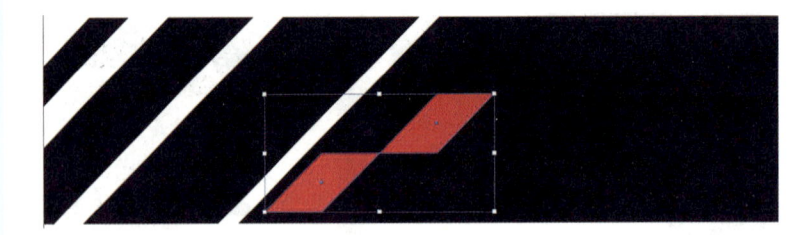

图 2-2-41　菱形位置

图 2-2-42　"减去顶层"效果

3）调整镂空装饰。选择"直线工具"，单击"互换填色与描边"按钮，双击描边色，设置为红色（255，0，0），绘制一条宽80mm、描边粗细为3pt的直线，如图2-2-43所示。对直线进行"扩展"操作，选择"选择工具"，框选红色直线和底部黑色形状，执行"减去顶层"操作，效果如图2-2-44所示。将其整体编组。

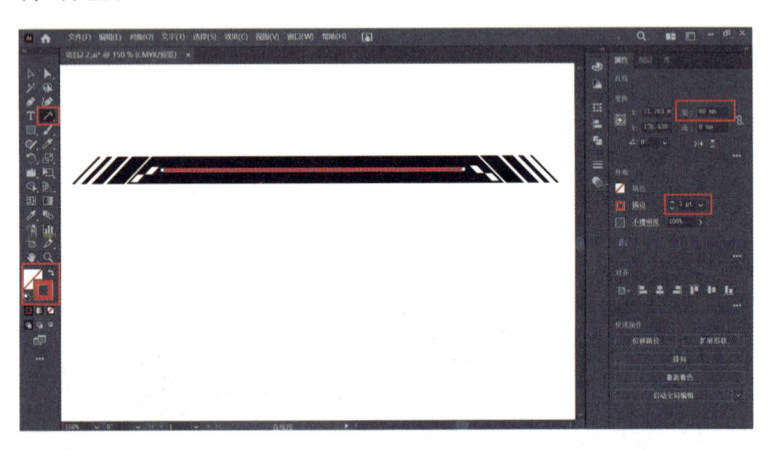

图 2-2-43　绘制直线

图 2-2-44　形状效果

4）形成画笔。执行"窗口"—"画笔"命令，如图 2-2-45 所示，在"选择工具"情况下，鼠标左键按住并将该形状拖至"画笔"窗口中，在弹出的"新建画笔"窗口中选择"艺术画笔"，点击"确定"，如图 2-2-46 所示。在弹出的"艺术画笔选项"窗口中将画笔名称改为"酸性机甲风"，单击"确定"，如图 2-2-47 所示。

图 2-2-45　打开"画笔"窗口　　图 2-2-46　设为艺术画笔

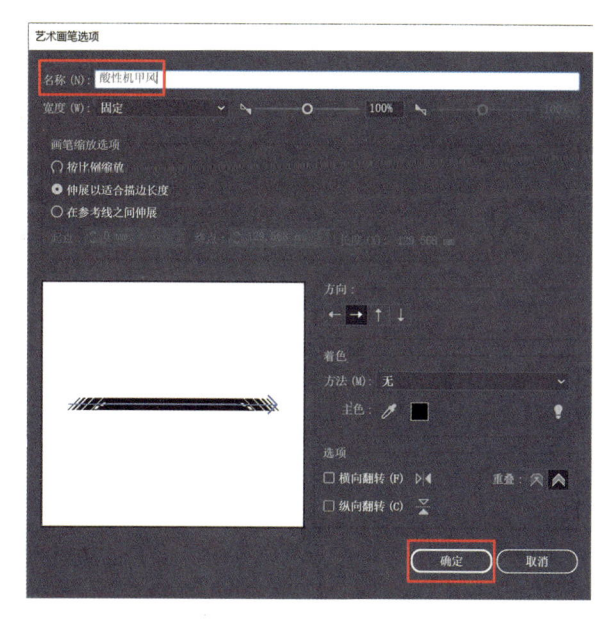

图 2-2-47　定义画笔

知识链接

Illustrator中画笔分为五类，分别是书法画笔、散点画笔、图案画笔、毛刷画笔和艺术画笔。在自定义画笔中，我们常用散点画笔、图案画笔和艺术画笔。

"散点画笔"是将一个图形复制若干个，并沿路径分布。设置面板如下图所示。

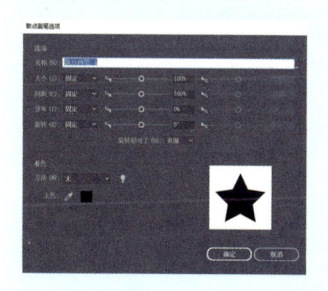

"图案画笔"是将一个图案沿路径重复显示。画笔设置面板如下图所示。

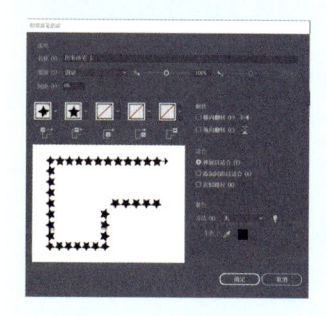

"艺术画笔"是将一个图形对象沿所绘路径伸展。

三种不同画笔产生的效果对比如下图所示。

散点画笔　图案画笔　艺术画笔

3.绘制字母骨架

1）打开网格参考线。执行"窗口"—"显示网格"命令,如图 2-2-48 所示,打开网格参考线。选择"钢笔工具",单击"互换填色与描边"按钮。

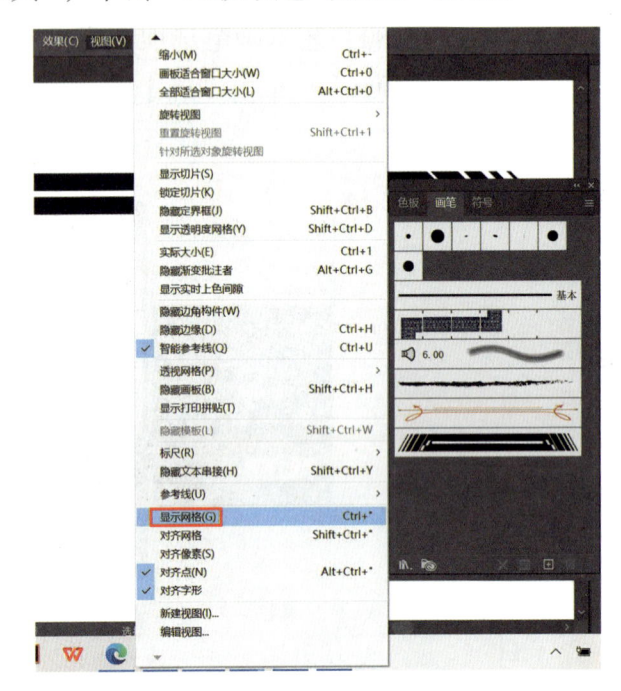

图 2-2-48　显示网格

2）绘制骨架并应用画笔效果。放大视图,用"钢笔工具"绘制"CHINA"字样,如图 2-2-49 所示。选择"选择工具",单击字母"C"骨架,单击"画笔"窗口中的"艺术画笔"进行应用,将描边粗细设置为 0.5pt,如图 2-2-50 所示。对其他四个字母都应用自定义的"艺术画笔",并用"直接选择工具"调整骨架位置、长度,使其效果统一,如图 2-2-51 所示。将字体编组后移至一边。

图 2-2-49　绘制骨架

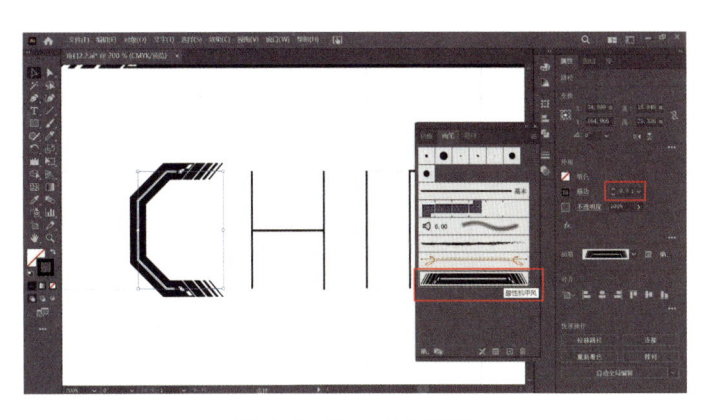

图 2-2-50　应用画笔

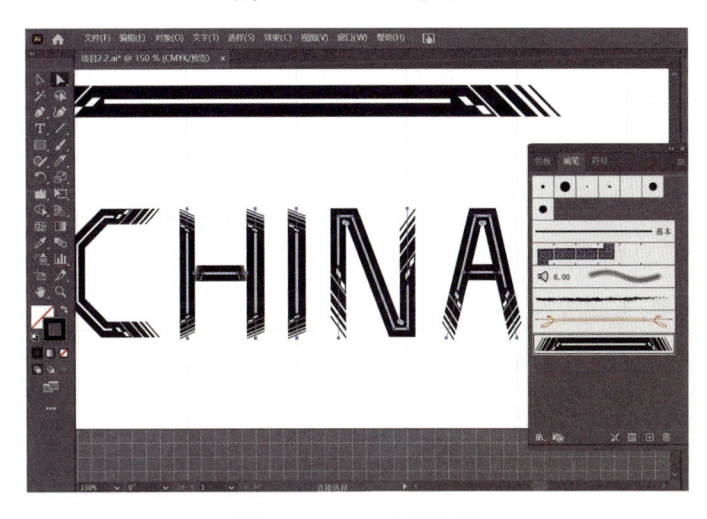

图 2-2-51　应用效果

用相同方法绘制"AEROSPACE"中没有绘制过的字母的骨架，如图 2-2-52 所示，应用画笔并微调后效果如图 2-2-53 所示。最终完整英文酸性字体效果如图 2-2-54 所示。

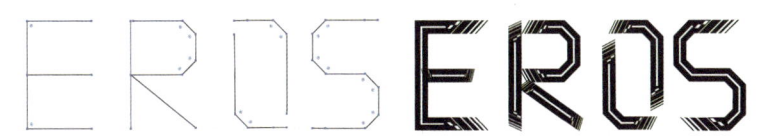

图 2-2-52　绘制骨架　　图 2-2-53　应用效果展示

图 2-2-54　最终应用效果

知识储备

- 酸性设计的特点
- AI软件基本操作：变换、自定义画笔、复制粘贴
- AI软件基本工具：混合器、剪刀、美工刀、画笔、旋转、倾斜、比例缩放

理论闯关

一、快捷键填空题

操作	快捷键	操作	快捷键
复制		建立混合	
粘贴		复制到上一层	
剪切		复制到下一层	

二、选择题

1. 在Illustrator中，哪个工具可用于对形状产生波浪效果？（   ）
   A. 晶格化工具　　B. 缩拢工具　　C. 膨胀工具　　D. 褶皱工具

2. 在使用扇贝工具时，哪个快捷键可以改变画笔大小？（   ）
   A. Ctrl　　　　　B. Alt　　　　　C. Shift　　　　D. Tab

3. 在使用旋转工具时，哪个快捷键可以旋转中心点？（   ）
   A. Ctrl　　　　　B. Alt　　　　　C. Shift　　　　D. Tab

4. 下列有关旋转工具的使用哪个是不正确的？（   ）

   A. 如果要精确控制旋转的角度，可以打开旋转工具对话框，在角度后面的数字框中输入旋转的角度值即可

   B. 使用旋转工具旋转图形时，旋转基点就是图形的中心点，是不可以改变的

   C. 使用旋转工具旋转图形时，旋转基点是可以改变的

   D. 在使用旋转工具旋转图形的过程中，按住【Alt】键可以同时进行图形的复制

5. 下列有关倾斜工具的叙述哪个是不正确的？（   ）

   A. 利用倾斜工具使图形发生倾斜前应先确定倾斜的基准点

   B. 用鼠标拖拉一个矩形进行倾斜的过程中，按住【Alt】键原来的矩形保持位置不变，新复制的矩形相对于原来的矩形倾斜了一个角度

C. 在倾斜工具的对话框中，倾斜角度和轴中定义的角度必须完全相同

D. 想精确定义倾斜的角度，要打开倾斜工具的对话框，设定倾斜角度以及轴的角度

6. 下列关于混合工具的描述哪个是正确的？（　　）（多选）

   A. 可以在两个开放路径或者是两个闭合路径之间进行混合操作

   B. 使用混合工具时，在不同的图形上单击不同的节点会影响到最终混合的形状

   C. 两个封闭图形进行混合操作后，在混合图形中间会有一个直线路径，这个直线路径是不能修改的

   D. 在两个使用了渐变网格的图形之间也可以通过混合工具进行混合

7. 下列关于画笔工具的描述哪个是不正确的？（　　）（多选）

   A. 画笔工具绘出的一定是可编辑的封闭路径

   B. 画笔工具绘出的是可编辑的路径

   C. 画笔工具绘出的路径上的锚点数量都是固定的

   D. 画笔工具绘出的路径上的锚点都是直线点

8. 当创建散点画笔和艺术画笔时，被选中的图形含有下列哪些因素不能够完成新建画笔的操作？（　　）（多选）

   A. 渐层网格　　B. 透明　　C. 图案　　D. 渐变

实践突破

结合酸性设计的特点设计一套专属于你的英文字体库。

项目评价

经过这段学习之旅，你会为自己的学习成果打几颗星呢？请用心完成自我评价，肯定自己的成就，也积极寻找并改善不足之处。

项目实训评价表				
项目	内容		评价星级	
	学习目标	评价目标		
职业能力	了解酸性设计的基本特点	能够描述酸性设计的特点	☆☆☆☆☆	
	掌握Illustrator软件的基本操作和基本工具	能够用Illustrator软件对图形对象进行基本操作	☆☆☆☆☆	
		能够在不同场景下灵活使用Illustrator软件工具	☆☆☆☆☆	
通用能力	分析问题的能力		☆☆☆☆☆	
	解决问题的能力		☆☆☆☆☆	
	自我提高的能力		☆☆☆☆☆	
	自我创新的能力		☆☆☆☆☆	
综合评价	☆☆☆☆☆			

PROJECT 3

项目三

"航天科技博物馆"
矢量图形设计

导语

　　在文字诞生之前，人类的祖先为了能够在社会活动中传递信息，设计出了许多图形和标记。相比于文字，图形的开放性和兼容性更强，即使是不同历史文化、民族、宗教背景的人群，也能够通过浏览理解图形、收获直观准确的信息含义。图形是人类智慧的结晶，在人类社会进入现代文明之后，图形的运用几乎无处不在。进入新媒体时代，视觉传达设计高速发展，将图形创意在广告设计、包装设计、插画设计、UI（界面）设计、VIS（视觉识别系统）设计等各个平面设计领域中转化成简洁明快的、可以交流传播的视觉形式。

　　图形是由点、线、面等基本几何元素构成的平面空间中的二维形状，很多生活中随处可见的物品都是几何形状的。几何的概念虽然来源于数学，但是在艺术平面设计中，却有其独特的诠释。图形创意设计是在对现实事物认知和理解的基础上，将创意思维通过可视化的点、线、色块等转化成既具有视觉冲击性、简约易理解，又具有创意新鲜感的视觉形象的创造性思维过程。图形创意设计既要无中生有，又要让人看一眼就感觉深刻入"里"。

　　图形图像处理软件中，Illustrator更适合完成构建几何图形的图形创意设计工作，运用其强大的矢量图形绘制工具，可以制作既多样化又独特的创意图形。本项目的案例为"航天科技博物馆"设计一款标志（LOGO），并结合VIS设计的基础概念，用标志的标准制图方法展示"航天科技博物馆"标志设计的过程。让我们在做中学，熟练使用Illustrator的基础工具，完成矢量图形的绘制，并掌握矢量插画绘制的基本方式，为未来成为合格的平面设计师打好坚实的基础吧！

项目描述

在信息爆炸且传播手段多样化的时代，图形作为不可替代的重要信息传播载体，为平面设计提供了重要的商业功能和价值。本项目为"航天科技博物馆"设计徽标，在实际标志设计绘制案例中学会使用Illustrator工具设计制作矢量图形，用简洁明了的图案使人们感受航天科技的进步和时代的发展，用生动形象的矢量图形让人们感受充满未来感的航天世界。

项目要点

- 博物馆标志设计
- 图形装饰设计
- 矢量插画绘制

项目分析

在本项目的学习过程中，通过对不同类型标志的对比学习，了解标志设计的意义；通过设计与绘制"航天科技博物馆"标志，并以标志的标准制图方法展示标志设计过程，掌握Illustrator软件中实时上色工具、矩形网格工具和渐变工具的灵活使用；通过绘制常见酸性图形元素，掌握Illustrator软件提供的效果功能，能够灵活使用扭曲和变换功能组绘制好看的装饰图形，掌握描边窗口的各种属性设置效果；通过绘制三维星球效果，了解Illustrator软件 3D效果的使用方法；通过实际案例操作，掌握Illustrator软件中旋转工具和渐变工具的灵活使用；通过绘制飞船矢量插画图形，掌握绘制插画图形的一般方法，掌握Illustrator软件中内部绘图模式的应用；通过实际案例操作练习，掌握Illustrator软件中整形工具、自由变换工具、宽度工具和吸管工具的灵活运用。

3.1 博物馆标志设计

任务目标

1. 了解标志的分类
2. 了解标志的标准制图方法

3. 掌握Illustrator软件的基础操作

4. 掌握Illustrator软件中的基础工具

任务描述

标志设计是视觉识别系统设计的重要组成部分，是平面设计中较为常见和重要的内容。本任务以真实案例"中国航天博物馆"标志设计为例，用标志的标准制图方法来制作标志，结合操作过程演示Illustrator软件在标志设计过程中的应用，使大家在操作中感受标志所蕴含的科技感和未来感。

任务导图

博物馆标志设计
- 标志设计概述
- 实例操作
  - 任务一："航天科技博物馆"标志绘制
  - 任务二：标志的标准制图方法

学习新知

3.1.1 标志设计概述

标志是某一企业、商品或特定事物的标记符号。人类的先祖以刻树、结绳、堆石或在平面物体上刻画各种记号来交流信息、表达情感，这可以说是标志的最早形态。标志演变到现在多以商标记号的形式出现，起着识别和传递信息的作用，具有很强的概括性和象征性，同时也具有独特的艺术魅力。标志的应用领域非常广泛，例如用于国家标志的国徽、国旗，用于团体标志的团徽、团旗，用于商品标志的商标，用于各行业机关的专门标志，用于交通指示的交通标志和安全标志，用于电视频道的电视台标志，用于手机电脑界面的软件标志，等等，如图3-1-1所示。

思政小贴士

中国的国旗为五星红旗，是在1949年9月召开的中国人民政治协商会议第一届全体会议上正式确定的。国旗旗面的红色象征革命。旗上的五颗五角星及其相互关系象征共产党领导下的革命人民大团结。五角星用黄色是为在红地上显出光明，黄色较白色明亮美丽。四颗小五角星各有一角尖正对着大星的中心点，这表示围绕着一个中心而团结。

2021年6月，中共中央印发了《中国共产党党徽党旗条例》，并发出通知，要求各地区各部门认真遵照执行。通知指出，中国共产党的党徽党旗是中国共产党的象征和标志。维护党徽党旗的尊严，就是维护党的尊严。

图 3-1-1　标志应用领域

现代标志是具有象征性的视觉传播符号，其信息传达能力在一定条件下甚至强过语言文字。标志外在的作用是某种特定的记号，内在的作用是某种精神意义上的象征。

标志的分类方式有很多种，这里主要介绍作为商标的现代标志的分类。这种分类不是行业标准上的分类，而是结合了常见的标志形态将标志从设计角度、图形表现形式、基础构成形式三个方面进行分类。

从设计结构和形式的角度可以将常见标志分为图文结合类、中文类、单一汉字类、英文类、单一字母类、中英结合类、建筑风景类、徽标类和卡通类，如图 3-1-2 所示。

图文结合类	中文类	单一汉字类
英文类	单一字母类	中英结合类
建筑风景类	徽标类	卡通类

图 3-1-2　按设计角度分类的标志

问题摘录

学习思考

常见的商品标志中哪些标志是具象形标志？哪些商标是象形标志？哪些商标是抽象形标志？请分别举例。

学习笔记

问题摘录

按图形表现形式进行分类，可以将标志分成具象形、象形和抽象形。上述卡通类的标志大多都属于具象性标志，从表达意义来说非常直接，企业是什么行业的就用最有代表性的物体形态来表示。象形标志如图 3-1-3 所示，会用一些线形或几何图形抽象地来表示一些行业特征。抽象形标志一般跟行业关系不大，多用旋转或者立体效果来进行标志设计，如图 3-1-4 所示。

图 3-1-3　象形标志　　　图 3-1-4　抽象形标志

按标识构成元素进行区分，可以将标志分为点形、线形和面形，如图 3-1-5 所示。

图 3-1-5　点、线、面形标志

3.1.2　任务一："航天科技博物馆"标志绘制

任务要求：为"航天科技博物馆"设计标志，具有独特性，与行业相关，体现科技感和航天的内涵。标志看起来较为稳固，在深色或者浅色的背景下都能够突显出来。制作完毕后可修改标志配色和装饰效果，使标志更具有科技感，标志效果如图 3-1-6 所示。

"航天科技博物馆"标志设计

图 3-1-6　标志效果

1. 确定标志类型

设计的标志属于抽象形标志，以图形为主，制造空间视错觉的效果来体现科技感和未来感，色彩使用符合太空的蓝紫色调。

2. 绘制标志形状

1）参考线绘制。鼠标左键双击Illustrator图标，打开Illustrator软件，新建一个200mm×200mm的画板，并存储工程文件名为"项目3.1.ai"。选择"直线工具"，设置填色，单击"互换填色和描边"按钮，切换成黑色描边状态，按住【Shift】键在画板上绘制一条长直线，如图3-1-7所示。选择"选择工具"，按住【Alt+Shift】键，按住鼠标左键将直线向下复制并移动一段距离。按"再次变换"的快捷键【Ctrl+D】键8次，形成如图3-1-8所示的10条平行直线效果。

> **知识链接**
>
> Illustrator软件中的"再次变换"操作仅对鼠标右键打开的"变换"中的五种变换操作有效，如下图所示。

> **快捷键小贴士**
>
> | 再次变换 | 【Ctrl+D】 |

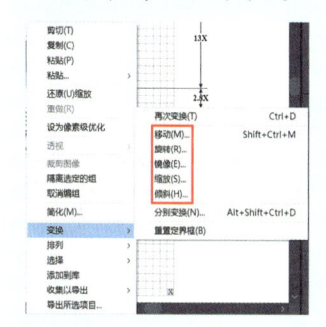

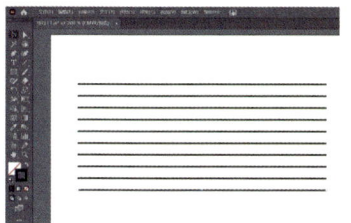

图 3-1-7　绘制直线　　图 3-1-8　再次变换效果

2）旋转参考线。按住鼠标左键框选所有直线，按【Ctrl+G】键编组，选中直线组，单击鼠标右键，执行"变换"—"旋转"命令，在打开的"旋转"对话框中设置"角度"为120°，单击"复制"按钮，如图3-1-9所示。再按一次【Ctrl+D】键，形成如图3-1-10

知识链接

Illustrator软件提供轮廓预览模式，可以显示画面中所有形状的路径，方便我们做一些轮廓的编辑。

快捷键小贴士

| 轮廓视图 | 【Ctrl+Y】 |

所示效果。用"选择工具"移动三组直线，将其交叉处重合，按快捷键【Ctrl+Y】键进入轮廓视图，如图3-1-11所示。放大视图，检查交叉点是否重合，检查无误后再次按【Ctrl+Y】键，退出轮廓模式。最终效果如图 3-1-12 所示。

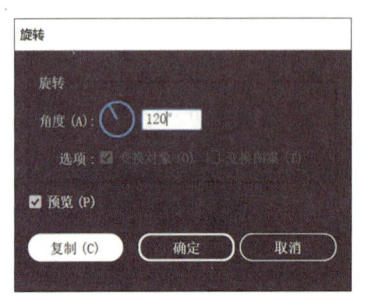

图 3-1-9　设置旋转角度　　图 3-1-10　再次变换后效果

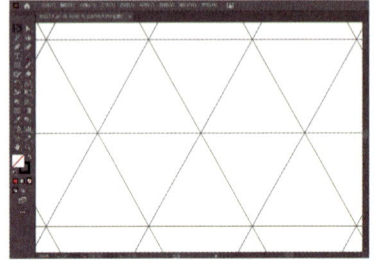

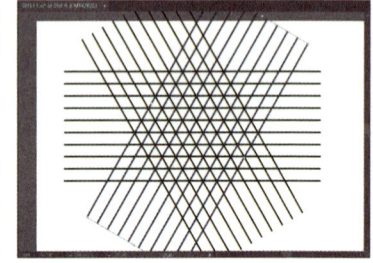

图 3-1-11　轮廓视图　　图 3-1-12　移动后效果

3）绘制标志形状。选择"形状生成器工具"，将形状合并成如图 3-1-13 所示效果。鼠标左键长按"形状生成器工具"打开工具下拉列表，选择"实时上色工具"，如图 3-1-14 所示。按方向右键，将鼠标上的显示颜色调整到红色，填充如图 3-1-15 所示三块区域。执行"对象"—"扩展"命令，打开的"扩展"对话框是默认选项，直接点"确定"按钮。对扩展后的图形"取消编组"2 次，即可用"选择工具"将其中的填色区域移出来，效果如图 3-1-16 所示。

图 3-1-13　形状效果　　　　图 3-1-14　实时上色工具

> **知识链接**
>
> Illustrator软件中的实时上色工具，可以对画面中任意一个封闭图形进行便捷上色。上色前要选中上色区域，可以用左、右方向键选择色板中的颜色，也可以直接修改属性栏中的颜色。可以按住鼠标左键给连续的闭合图形填充颜色。按【Alt】键可以吸取颜色。

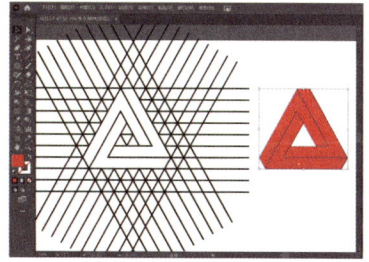

图 3-1-15　填充颜色　　　　图 3-1-16　移出填色区域

3.填充标志颜色

1）吸取颜色。执行"文件"—"打开"命令，在素材文件夹中找到"参考标志效果.jpg"，单击"打开"按钮，即可打开图像。选择"选择工具"，点击标志效果图片，按住鼠标左键不放，将其拖到上方"项目3.1"文件名称上再松开鼠标，如图3-1-17所示。按住【Shift】键缩小"参考标志效果.jpg"，并将其移到红色标志边上。用"选择工具"选择一块红色区域，单击"填色与描边"下方的"渐变"图标■，界面右侧会弹出"颜色"对话框和"渐变"对话框，如图3-1-18所示。

图 3-1-17　打开素材　　　　图 3-1-18　渐变模式

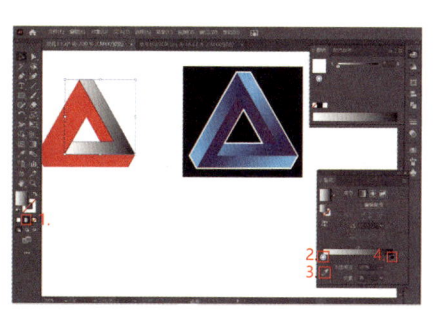

知识链接

在Illustrator软件中的"渐变"对话框中，可以点击颜色条下的小圆点"渐变滑块"设置渐变的颜色、位置和透明度。渐变的类型分为线性渐变、径向渐变和任意形状渐变。点击"反向渐变"按钮即可瞬间实现渐变颜色反向的效果，界面按钮位置如下图所示。

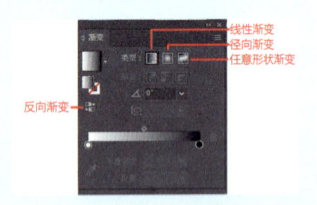

三种渐变形态效果如下图所示。

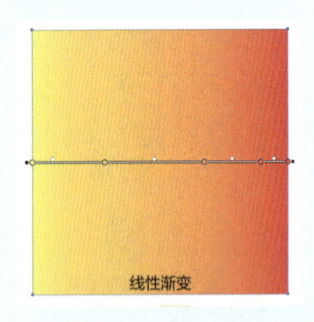

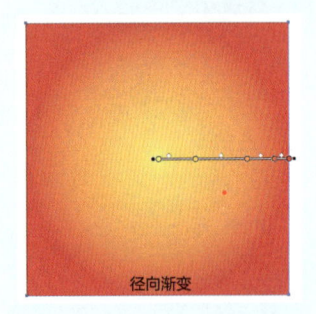

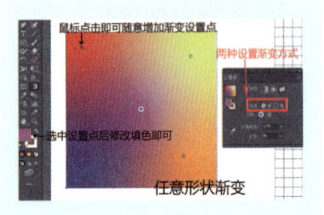

选择"渐变"对话框中左侧第一个"渐变滑块"，再点击下方的"拾色器"，鼠标会变成吸管的样子，工具会自动切换到"渐变工具"，用吸管样子的鼠标去吸取"参考标志效果.jpg"最上方的浅蓝色，如图3-1-19所示。在"渐变"对话框中的渐变色条中间增加一个"渐变滑块"，"位置"参数设置为50%，这块"渐变滑块"吸取"参考标志效果.jpg"中的深蓝色，最右侧的"渐变滑块"吸取"参考标志效果.jpg"中的深紫色，形成渐变色效果，如图3-1-20所示。

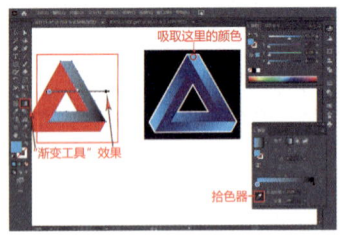

图3-1-19 吸取浅蓝色　　图3-1-20 形成渐变色效果

2）调整渐变效果。吸取完颜色后，再次点击"拾色器"，即可退出吸色状态。重新拉取"渐变工具"在形状上的渐变线的方向，如图3-1-21所示。选择"选择工具"，单击需要调整的形状，单击"渐变"图标，再选择"渐变工具"，调整渐变线方向，如图3-1-22所示。最后通过相同的操作流程，完成最后一块形状的渐变设置，最终效果如图3-1-23所示。

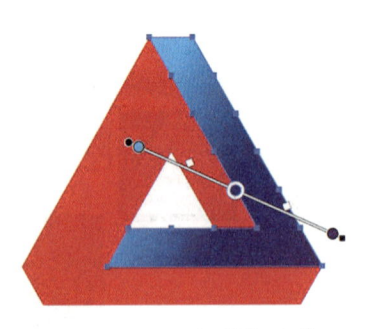

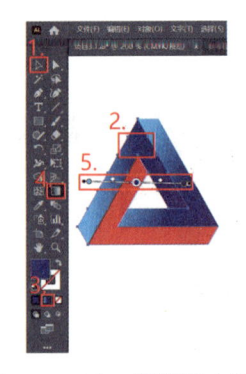

图3-1-21 调整渐变线　　图3-1-22 调整渐变效果

3）突出图标。选择"选择工具"，将三块形状框选后做"编组"操作。考虑到在深色背景上应用标志，为突出图标，需要给标志加上白色描边效果。用"矩形工具"在空白区域绘制一个矩形，将填色设置为黑色"#000000"，按【Ctrl+2】键锁定黑色矩形。选择"选择工具"，选中标志组，单击鼠标右键，在下拉列表中执行"排列"—"置于顶层"命令，如图3-1-24所示，将标志组移至黑色矩形上方。

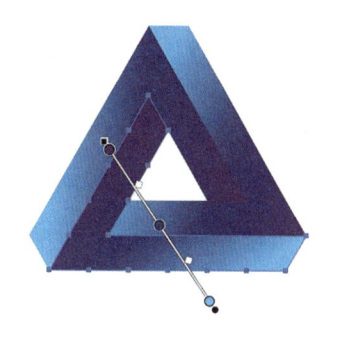

图3-1-23 最终渐变效果

图3-1-24 置于顶层

对标志组按【Ctrl+C】键复制，再按【Ctrl+B】键复制到下一层，选择填色模式，将颜色修改为白色。执行"对象"—"路径"—"偏移路径"命令，如图3-1-25所示。在打开的"偏移路径"对话框中设置"位移"参数为0.5mm，"连接"设置为圆角，单击"确定"，如图3-1-26所示。选中白色底与标志进行"编组"操作。整理画板，将图标以外的其他参考线和参考图片移至画板外，保存"项目3.1.ai"文件。

图3-1-25 偏移路径

图3-1-26 设置参数

学习笔记

问题摘录

快捷键小贴士

置于顶层	【Ctrl+Shift+]】
前移一层	【Ctrl+]】
后移一层	【Ctrl+[】
置于底层	【Ctrl+Shift+[】

知识链接

Illustrator软件中的"偏移路径"操作用于扩张或者收缩形状。"偏移路径"对话框中的"位移"参数若为正数，则图形向外扩张；参数若为负数，则图形向内收缩。"偏移路径"是Illustrator软件独有且非常好用的功能。

学习思考

请回忆之前学习的各种快捷方式，说说Illustrator软件中【Shift】键能够实现哪几种功能。右侧操作中出现的按住【Shift】键能够实现哪种功能？

学习笔记

3.1.3 任务二：标志的标准制图方法

任务要求： 根据平面设计行业的标志设计要求，用标准制图方法制作"航天科技博物馆"标志，展示标志与文字的大小和距离呈现一定的比例关系，让标志的展示更严谨、更专业。

标志的标准制图方法

1.绘制标准制图参考线

1）绘制网格线。鼠标长按"直线工具"，在下拉工具列表中选择"矩形网格工具"，如图3-1-27所示。双击"矩形网格工具"，打开"矩形网格工具选项"对话框，设置水平分割线和垂直分割线的"数量"均为50，

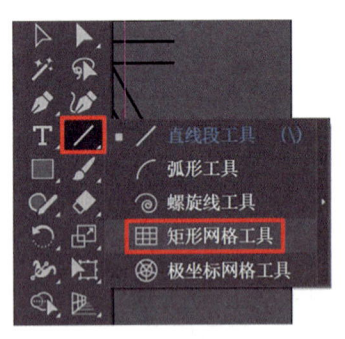

图3-1-27　矩形网格工具

点击"确定"按钮，如图3-1-28所示。按住【Shift】键，在空白区域绘制网格，并设置为灰色"#707070"描边模式，如图3-1-29所示。将右侧属性栏中的"宽"和"高"均设为100mm，将"描边"设为0.2pt，如图3-1-30所示。

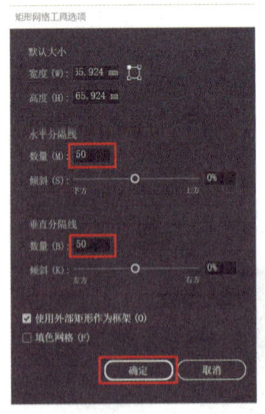

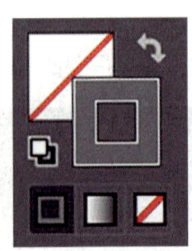

图3-1-28　对话框设置　　图3-1-29　设置描边　　图3-1-30　设置属性

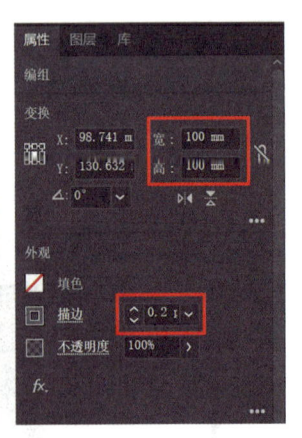

2）绘制基本单位。放大视图到网格最右下角的格子，选择"矩形工具"，单击"互换填色和描边"按钮，并将填色设置为"#C9C9C9"，按住【Shift】键在右下角的小格子上绘制一个正方形，如图 3-1-31 所示。选择"文字工具"，在空白区域单击一下，输入"X"，缩小文字，放置到右下角的小格子上，如图 3-1-32 所示。

> **学习思考**
>
> 请回忆之前学习的各种快捷方式，Illustrator 软件中【Alt】能够实现哪几种功能？

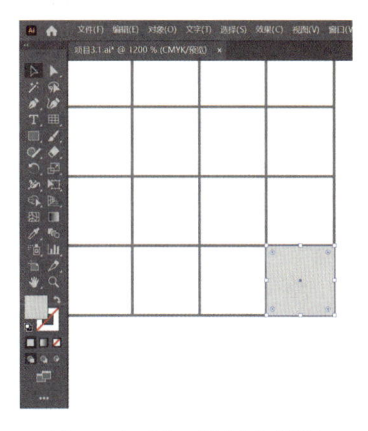

图 3-1-31　绘制小格子　　图 3-1-32　绘制基本单位

> **问题摘录**

2. 放置标志和文字位置

1）移动标志到网格线上。选择"选择工具"，按住【Alt】键将标志复制一个移动到网格线中，并进行"置于顶层"操作。按方向键微调标志位置，使其上、下、左、右贴住网格线，如图 3-1-33 所示。

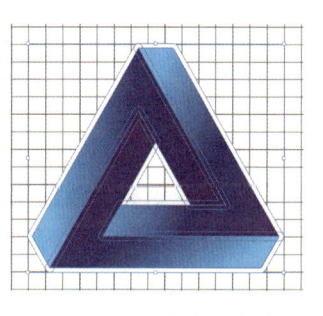

图 3-1-33　移动标志位置

2）输入中文标题。选择"文字工具"，在空白处点一下，输入"航天科技博物馆"字样，在右侧属性栏设置字符字形为"Adobe 黑体 Std R"，字体大小为 26.67pt。选择"选择工具"，将字移到网格线上如图 3-1-34 所示位置，将字体下边紧贴网格线，与标

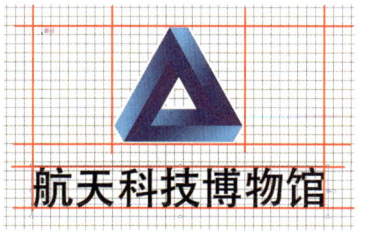

图 3-1-34　中文标题位置

087

志在垂直方向上对齐。

3）输入英文标题。选择"文字工具"，在空白处点一下，输入"Museum of Space Science and Technology"字样，然后点击右侧属性栏"字符"界面右下角的"更多选项"图标，如图3-1-35所示，在打开的"字符"对话框中点击"TT"（全部大写字母）图标，如图3-1-36所示。设置字符字形为"Times New Roman"，字体效果为"Bold"，字体大小为8.1pt。选择"选择工具"，将英文标题移至如图3-1-37所示位置，将其上、下、左、右对齐网格线。按住【Shift】键点选标志和中英文字体，进行"编组"操作。

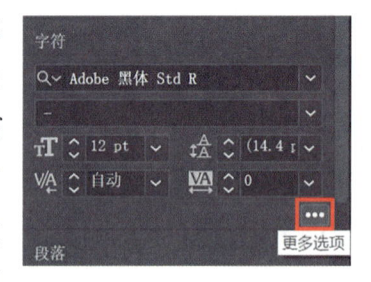

图 3-1-35　更多选项

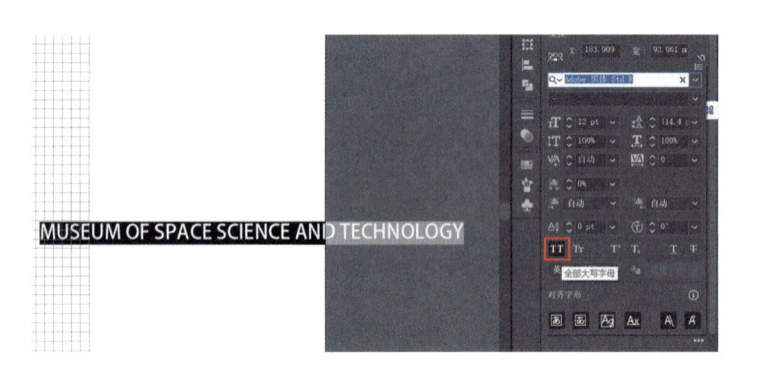

图 3-1-36　全部大写字母

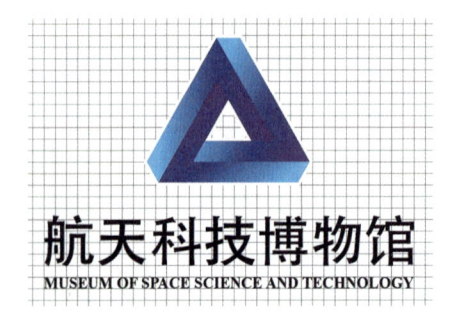

图 3-1-37　英文标题位置

3.绘制标尺

1）绘制直线。将描边颜色修改为"#6B6B6B"，选择"直线工具"，按住【Shift】键从标志和字体上、下方的中心点处开始，往右至网格线外绘制直线，如图3-1-38所示。将标志组"置于顶层"。

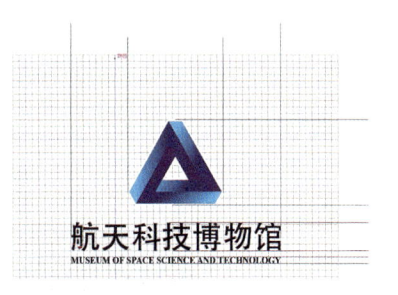

图 3-1-38　绘制直线

3）标注尺寸。选择"文字工具"，在网格线外单击一下，输入"13X"字样，设置字符字形为"Times New Roman"，字体效果为"Bold"，字体大小为6.5pt。选择"选择工具"，将标注字体移到标志上、下标注线的中间区域，其他标注尺寸根据格子数修改后移到对应位置，如图3-1-39所示。

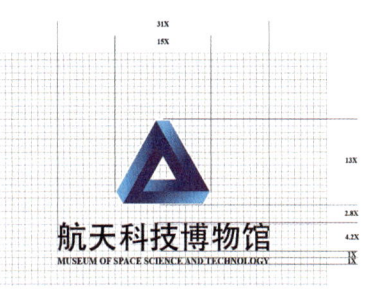

图 3-1-39　标注尺寸

4）绘制箭头效果。选择"直线工具"，设置黑色描边模式，在尺寸"13X"上方绘制竖直直线，如图3-1-40所示。执行"窗口"—"描边"命令，打开"描边"对话框，点击右上角三条横线的"显示选项"按钮，如图3-1-41所示。设置右侧"箭头"为"箭头2"效果，"缩放"设置为80%，如图3-1-42所示。

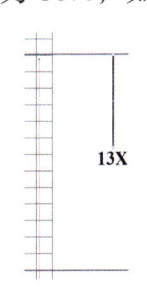

图 3-1-40　绘制直线　　图 3-1-41　"描边"对话框

> **学习思考**
>
> 结合之前学习的快捷方式，请问进行移动箭头操作过程中可以使用哪些快捷键来加速操作呢？

> **快捷键小贴士**
>
> | 描边窗口 | 【Ctrl+F10】 |

> **学习笔记**

> 问题摘录

5）复制并移动箭头效果。按住【Alt】键复制并按住【Shift】键水平移动箭头效果，旋转箭头180°，调整箭头长度到合适状态。给所有能添加箭头效果的标注添加箭头效果，最终效果如图3-1-43所示。保存"项目3.1.ai"文件。

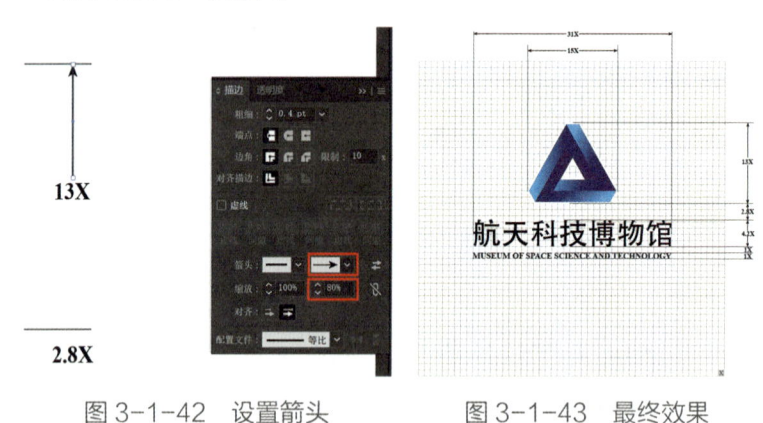

图3-1-42　设置箭头　　　图3-1-43　最终效果

知识储备

- 标志的常见分类
- 标志的标准制图方法
- AI软件基本操作：再次变换、置于顶层、轮廓预览模式、偏移路径、描边效果设置
- AI软件基本工具：实时上色工具、矩形网格工具、渐变工具

理论闯关

一、快捷键填空题

操作	快捷键	操作	快捷键
置于顶层		再次变换	
前移一层		轮廓预览模式	
后移一层		打开描边窗口	
置于底层		打开渐变窗口	

二、选择题

1. 在 Illustrator 中，哪个工具可用于封闭图形的实时上色？（　　）
   A. 渐变工具　　　B. 实时上色工具　　　C. 吸管工具　　　D. 画笔工具
2. 在 Illustrator 中，哪个操作可用于扩张或缩拢图形？（　　）
   A. 缩放　　　　　B. 扩展　　　　　　　C. 偏移路径　　　D. 建立混合
3. 在 Illustrator 中，水平移动的快捷键是什么？（　　）
   A. Alt　　　　　 B. Ctrl　　　　　　　C. Tab　　　　　 D. Shift
4. 以下不能通过键盘方向来绘制状态的工具是（　　）。
   A. 矩形网格工具　　　　　　　　　　　B. 极坐标工具
   C. 弧形工具　　　　　　　　　　　　　D. 直线工具
5. 以下哪种不是 Illustrator 中的渐变类型？（　　）
   A. 反向渐变　　　　　　　　　　　　　B. 线性渐变
   C. 径向渐变　　　　　　　　　　　　　D. 任意形状渐变

实践突破

设计标志效果

要求：

新建一个 200mm×300mm 的画板，用上述所学工具和操作过程完成如图 3-1-44 所示标志效果。

提示：用形状生成器工具、实时上色工具和渐变工具完成操作。

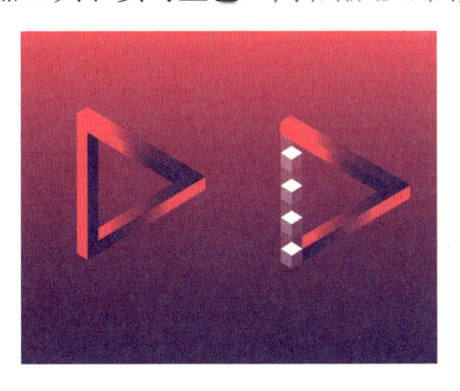

图 3-1-44　标志效果

项目评价

经过这段学习之旅，你会为自己的学习成果打几颗星呢？请用心完成自我评价，肯定自己的成就，也积极寻找并改善不足之处。

<table>
<tr><th colspan="4">项目实训评价表</th></tr>
<tr><th rowspan="2">项目</th><th colspan="2">内容</th><th rowspan="2">评价星级</th></tr>
<tr><th>学习目标</th><th>评价目标</th></tr>
<tr><td rowspan="4">职业能力</td><td rowspan="2">掌握标志的意义和常见分类</td><td>能够简述标志的现代意义</td><td>☆ ☆ ☆ ☆ ☆</td></tr>
<tr><td>能够描述常见的标志类型</td><td>☆ ☆ ☆ ☆ ☆</td></tr>
<tr><td rowspan="2">掌握Illustrator软件的基本操作和基本工具</td><td>能够用Illustrator软件对图形对象进行基本操作</td><td>☆ ☆ ☆ ☆ ☆</td></tr>
<tr><td>能够在不同场景下灵活使用Illustrator软件工具</td><td>☆ ☆ ☆ ☆ ☆</td></tr>
<tr><td rowspan="4">通用能力</td><td colspan="2">分析问题的能力</td><td>☆ ☆ ☆ ☆ ☆</td></tr>
<tr><td colspan="2">解决问题的能力</td><td>☆ ☆ ☆ ☆ ☆</td></tr>
<tr><td colspan="2">自我提高的能力</td><td>☆ ☆ ☆ ☆ ☆</td></tr>
<tr><td colspan="2">自我创新的能力</td><td>☆ ☆ ☆ ☆ ☆</td></tr>
<tr><td>综合评价</td><td colspan="3">☆ ☆ ☆ ☆ ☆</td></tr>
</table>

3.2 图形装饰设计

任务目标

1. 了解绘制规律图形的常用方式
2. 掌握Illustrator软件中扭曲和变换效果的灵活运用
3. 掌握Illustrator软件中描边工具的灵活运用
4. 掌握Illustrator软件中3D工具的使用方法

任务描述

矢量图形绘制是 Illustrator 软件的优势和强项。在绘制具有科技感的矢量图形过程中，可以灵活使用"效果"菜单中的操作轻松实现酸性图形的绘制，也可以在"描边"对话框中灵活实现图形的绘制。同时 Illustrator 软件提供的 3D 工具也能够实现建模的效果。下面一起来体会 Illustrator 软件的强大吧！

任务导图

图形装饰设计 —— 实例操作
- 任务一：酸性图形的快速绘制
- 任务二：装饰标题字体

学习新知

3.2.1 任务一：酸性图形的快速绘制

任务要求：酸性元素具有科技感和未来感，请绘制有特点、多样化的酸性元素图形，为综合海报和画册的设计制作做好素材准备。

酸性图形的快速绘制

1. 做好绘制准备

1）新建文件。鼠标左键双击 Illustrator 图标，打开 Illustrator 软件，新建一个 200mm×200mm 的画板，并存储工程文件名为"项目 3.2.1.ai"。选择"矩形工具"，设置填色为黑色，描边为无，绘制一个与画板相同大小的矩形，按【Ctrl+2】键锁定矩形为背景层。

2）设置渐变色。将填色设置为渐变模式，执行"窗口"—"色板"命令，打开"色板"对话框，如图 3-2-1 所示。点击左下角"色板库"菜单，在列表中选择"渐变"选项，选择"季节"，如图 3-2-2 所示。在打开的"季节"对话框中选择一个自己喜欢的渐变色，可以按对话框

图 3-2-1　"色板"对话框　　图 3-2-2　"色板库"菜单

知识链接

Illustrator软件中的"色板"窗口是最常用的窗口之一，Illustrator软件提供了一个包含颜色、渐变和图案的色板库。除了预设的颜色、渐变和图案外，用户也可以存储和新建自己的专用色板，还可以同时存储当前文档中的所有颜色、渐变和图案，以方便使用。

学习思考

请回忆之前学习的各种形状工具：在使用形状工具过程中会使用到哪些快捷键？分别能实现哪些功能？

学习笔记

下方的方向箭头快速调整色板库，如图3-2-3所示。

3）绘制变形基准形。选择"矩形工具"，按住【Shift】键绘制一个正方形。选择"椭圆工具"，按住【Shift】键绘制一个圆形。选择"多边形工具"，按住【Shift】键绘制一个正六边形。按住【Shift】键并按住鼠标左键不放，拉出一个正六边形，按下方向键减少边数形成正三角形，松开鼠标左键。选择"星形工具"，按住【Shift】键绘制一个正五边形。选择"选择工具"，框选绘制的5个基本形，执行"窗口"—"对齐"命令，单击"水平居中对齐"按钮，如图3-2-4所示。

4）复制基本形。按住【Alt+Shift】键，复制并水平移动基本形，按【Ctrl+D】键4次复制出5组基本形，如图3-2-5所示。

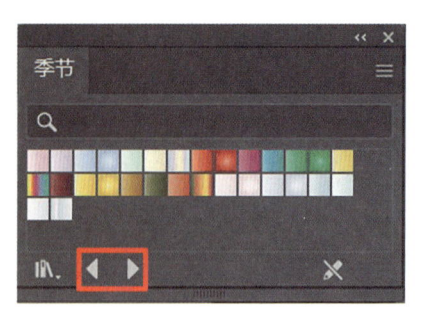

图3-2-3 选择渐变色板

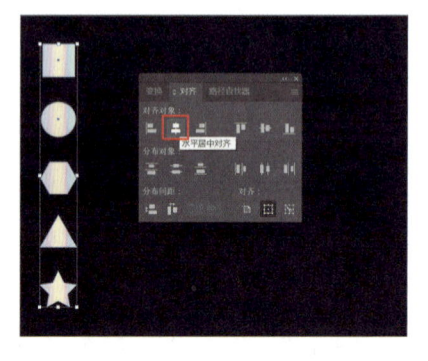

图3-2-4 绘制效果

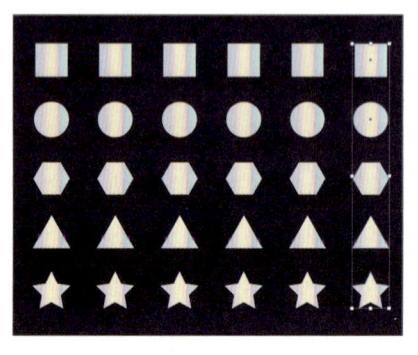

图3-2-5 复制基本形

2.绘制酸性元素

1）收缩和膨胀。鼠标框选第二列基本形，执行"效果"—"扭曲和变换"—"收缩和膨胀"命令，如图3-2-6所示。打开"收缩和膨胀"对话框，设置参数为"-60%"，如图3-2-7所示。以此类推，第

"航天科技博物馆"矢量图形设计 项目三

三列和第四列基本形"收缩和膨胀"参数分别设置为"50%"和"150%",效果如图3-2-8所示。

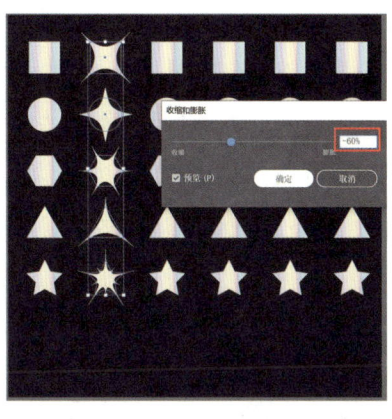

图3-2-6 收缩和膨胀

图3-2-7 设置参数

2)波纹效果。鼠标框选第五列基本形,执行"效果"—"扭曲和变换"—"波纹效果"命令,打开"波纹效果"对话框,设置"大小"为4mm,"每段的隆起数"为4,单击"确定"按钮,如图3-2-9所示。以此类推,设置第六列基本形的波纹效果参数,勾选"平滑","大小"为7%,"每段的隆起数"为7,效果如图3-2-10所示。

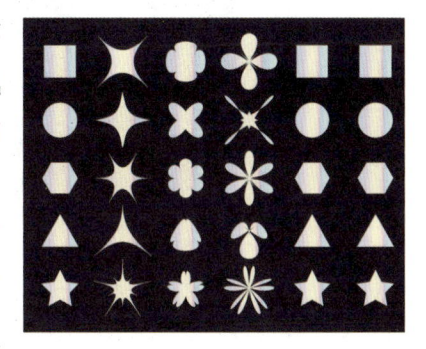

图3-2-8 设置效果

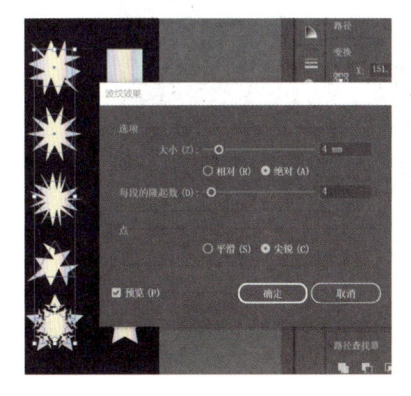

图3-2-9 波纹效果

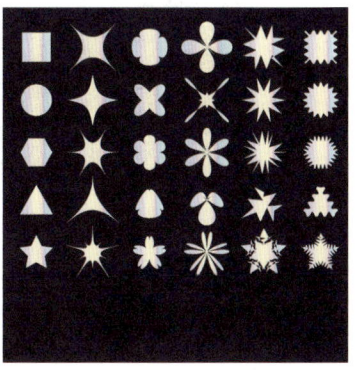

图3-2-10 设置效果

知识链接

Illustrator软件中的"效果"菜单将提供的效果分成两种类型,分别是Illustrator效果和Photoshop效果,这些效果可以实时修改对象外观,制作出特殊效果。Illustrator效果包含10种,分别是3D和材质、SVG滤镜、变形、扭曲和变换、栅格化、裁剪标记、路径、路径查找器、转换为形状以及风格化。其中"风格化"中的效果比较常用,包含了如下图所示的操作。

内发光(I)...
圆角(R)...
外发光(O)...
投影(D)...
涂抹(B)...
羽化(F)...

学习笔记

095

3）旋转形成图形。单击"互换填色和描边"按钮，选择"椭圆工具"，在五角星图形下方绘制一个椭圆。按住【Alt】键向右侧复制一个椭圆，并缩小一些。选择"旋转工具"，按住【Alt】键将旋转中心点移到椭圆正下方，在弹出的"旋转"对话框中设置旋转角度为15°，点击"复制"按钮，如图3-2-11所示。按【Ctrl+D】键使椭圆转一圈，效果如图3-2-12所示。选择"选择工具"，框选所有旋转的椭圆，执行"编组"操作。

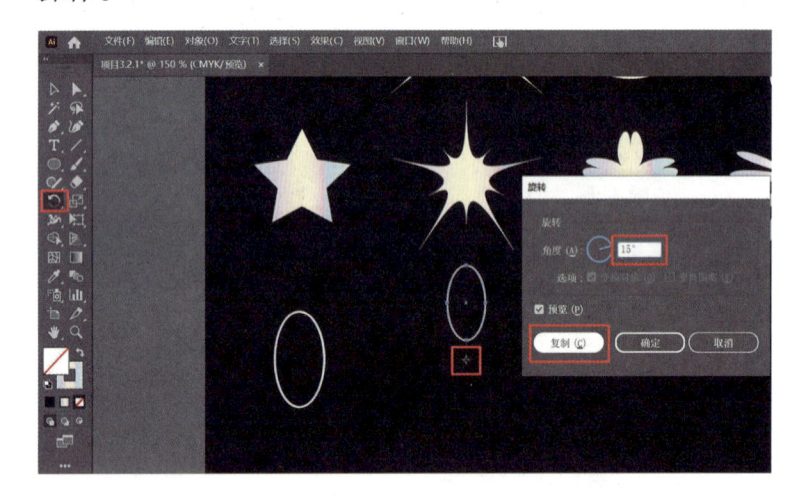

图3-2-11　旋转设置

图3-2-12　旋转效果

再次复制一个椭圆到边上，并缩小一些。选择"旋转工具"，按住【Alt】键将旋转中心点向下移动一点，不要移到椭圆外，设置旋转角度为30°，点击

"复制"按钮，按【Ctrl+D】键使椭圆转一圈，效果如图 3-2-13 所示。给图形编组。

按住【Shift】键在空白区域绘制一个正圆形，选择"旋转工具"，按住【Alt】键将旋转中心点向下移动一点，不要移到圆外，设置旋转角度为 15°，点击"复制"按钮，按【Ctrl+D】键使圆转一圈，效果如图 3-2-14 所示。给图形编组。整理图形后最终效果如图 3-2-15 所示，保存"项目 3.2.1.ai"文件。

图 3-2-13　旋转效果

图 3-2-14　旋转效果　　图 3-2-15　最终效果

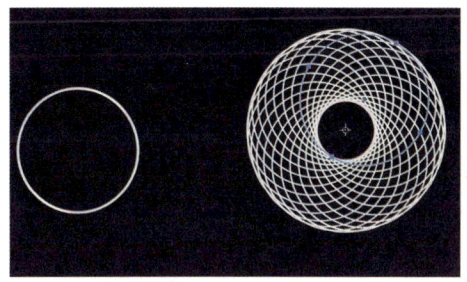

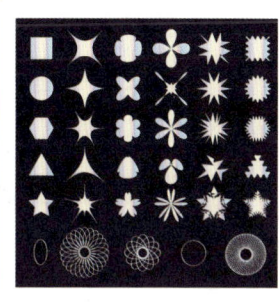

学习思考

观察下图，该图形的旋转中心点在什么位置？

学习笔记

3.2.2　任务二：装饰标题字体

任务要求：为"航天科技博物馆"的标题增加与航天、航空元素相关的图形装饰，修改标题颜色使其看上去色彩更丰富，在深色背景下也可以凸显出来。

装饰标题字体

1. 做好绘制准备

1）新建文件。鼠标左键双击 Illustrator 图标，打开 Illustrator 软件，新建一个 200mm×200mm 的画板，并存储工程文件名为"项目 3.2.2.ai"。

2）复制标题文字。打开"项目 2.1.ai"文件，框选竖版标题，按【Ctrl+C】键复制，鼠标点击文件"项目 3.2.2.ai"，在画板空白处按【Ctrl+V】键粘贴，如图 3-2-16 所示。

图 3-2-16　复制文字

2.修改标题颜色

1）填充渐变色。选择"选择工具",选择标题组,点击渐变模式,弹出"渐变"对话框。鼠标双击右侧的"渐变滑块",弹出如图 3-2-17 所示颜色设置对话框。单击右上角三条横线的"显示选项"图标,在颜色模式选项卡中选择"RGB",在右下角颜色值中输入"#2AC9FF",如图 3-2-18 所示。

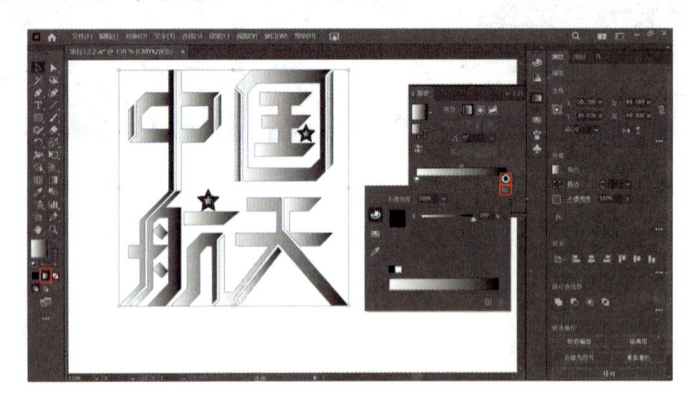

图 3-2-17　打开颜色设置对话框

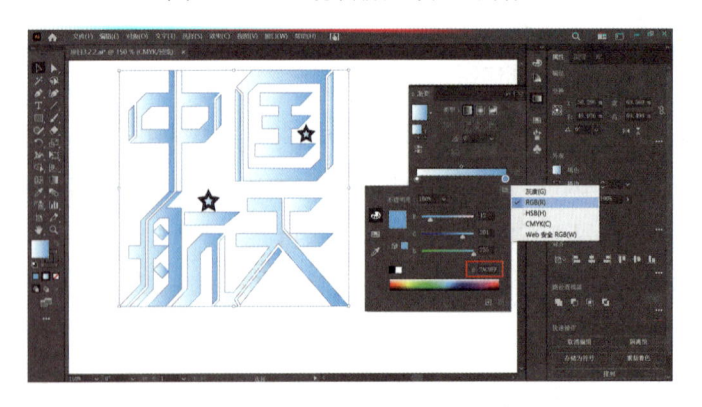

图 3-2-18　设置渐变滑块颜色

2）调整渐变方向。选择"渐变工具",重新调整渐变方向,按住【Shift】键从上到下拉一条垂直的渐变线,如图 3-2-19 所示。

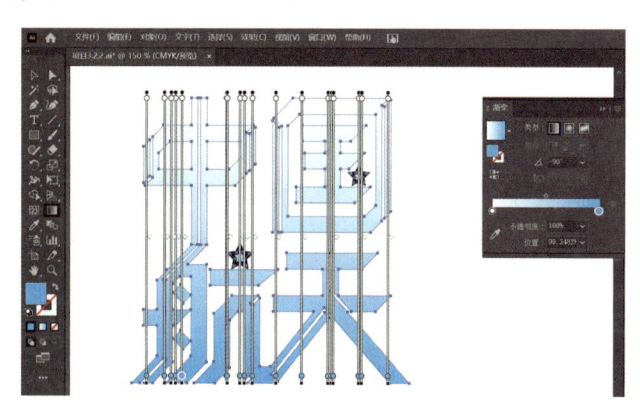

图 3-2-19　调整渐变线

3）修改星形渐变色。选择"选择工具",双击"国"字中的五角星,进入编组内编辑模式,选择"渐变工具",弹出"渐变"对话框,在渐变下拉选项中选择"橙色,黄色"的预设渐变,并单击"径向渐变"按钮,如图 3-2-20 所示。

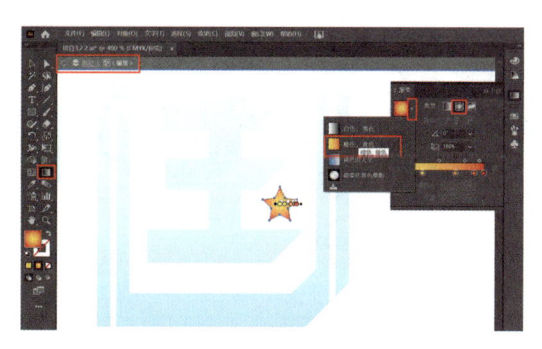

图 3-2-20　编组内编辑渐变

4）删除"航"字五角星。选择"选择工具",单击"航"字中的五角星,按【Delete】键删除,鼠标在空白处双击,退出编组内编辑模式。

5）绘制装饰球体。将填充色设置为"#3367B1",选择"椭圆工具",按住【Shift】键在画板空白处绘制一个正圆。选择"美工刀",按住【Alt+Shift】键将圆

学习思考

我们已经学习了很多 Illustrator 工具，除了用"美工刀"绘制半圆形，还有什么功能和操作能够绘制半圆形的？请描述操作过程。

知识链接

Illustrator 软件中的 3D 效果可以将二维的图形通过突出、绕转、旋转、膨胀等操作创建成三维的对象，在"3D 和材质"对话框中可以对 3D 图形的材质、贴图和光照效果进行设置。Illustrator 软件提供超过 50 种材质，也可以通过网络进入材质社区获取更多材质。Illustrator 软件可以将图形贴到 3D 对象的每一个面上。

形剪成两个半圆，如图 3-2-21 所示。选择"选择工具"，在空白处单击一下，选择右半圆按【Delete】删除。选择左半圆，执行"效果"—"3D 和材质"—"旋转"命令，如图 3-2-22 所示，打开"3D 和材质"对话框。设置"3D 类型"为"绕转"，"偏移方向相对于""右边"，如图 3-2-23 所示。选择"光照"菜单，设置光照参数如图 3-2-24 所示。关闭"3D 和材质"对话框。

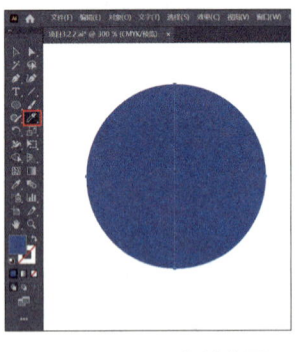

图 3-2-21　绘制半圆　　　图 3-2-22　3D 和材质

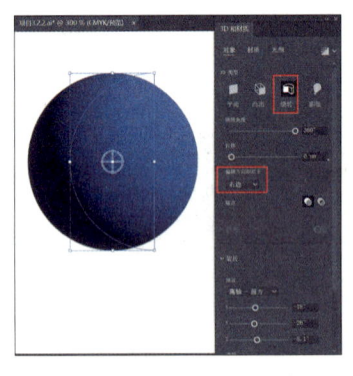

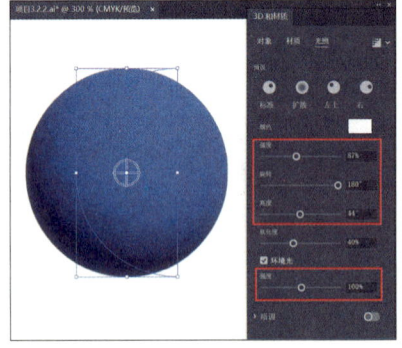

图 3-2-23　形成球体　　　图 3-2-24　设置光照参数

6）新建贴图效果。将提供的"3-2-2 项目素材.jpg"图片按住鼠标左键拖入"项目 3.2.2.ai"文件中，在右侧属性栏"快速操作"窗口中单击"嵌入"按钮，如图 3-2-25 所示，再执行"图像描摹"—"低保真照片"命令，如图 3-2-26 所示。电脑处理后，点击"快速操作"窗口中的"扩展"，再点击"取消编组"，鼠标在空白处点击一下后选择图形背景区域，按【Delete】键删除，效果如图 3-2-27 所示。

图 3-2-25 嵌入　　　图 3-2-26 图像描摹

图 3-2-27 删去背景区域

知识链接

Illustrator软件中导入图像素材后，需要"嵌入"图像，没有"嵌入"的图像只是与Illustrator软件建立了链接，如果在移动工程文件的过程中没有同时移动图像素材，其他用户在打开工程文件后就会丢失图像。因此，为了方便使用，导入的图像素材需要"嵌入"，这样就不用把这些图像单独发给其他的用户了。

Illustrator软件提供了"图像描摹"功能，方便用户将图像转换成矢量图形使用。

学习笔记

选择"选择工具"，框选素材图片所有形状，执行"编组"操作。执行"窗口"—"符号"命令，按住鼠标左键将云朵形状拖入"符号"窗口空白区域，在弹出的"符号选项"对话框中设置"名称"为"云朵"，"导出类型"为"图形"，勾选"静态符号"选项，点击"确定"按钮，如图 3-2-28 所示。新建符号如图 3-2-29 所示。

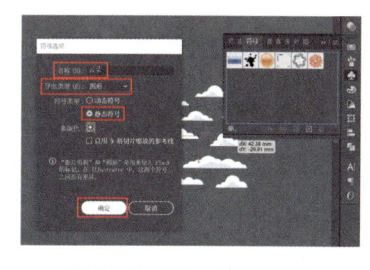

图 3-2-28 符号选项　　　图 3-2-29 新建符号

7）应用贴图效果。鼠标选中球体，在右侧属性栏单击"3D和材质"即可打开"3D和材质"对话框，选

择"材质"菜单,在"所有材料和图形"中选择新建的"云朵"符号,如图3-2-30所示。关闭"3D和材质"对话框。

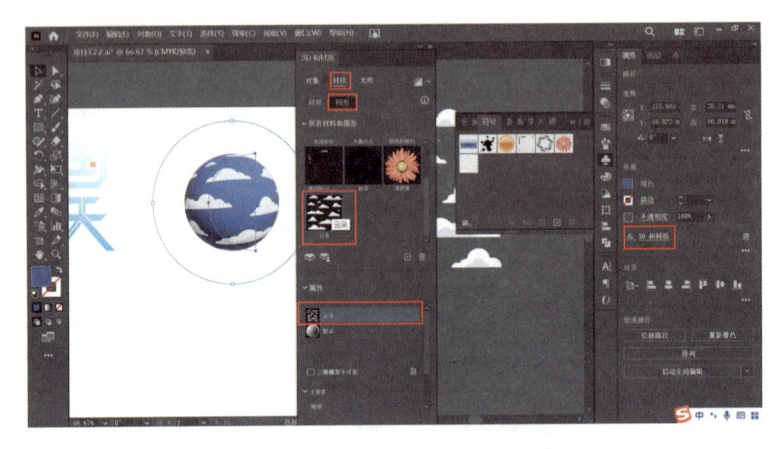

图3-2-30 应用新符号

8)移动球体到合适位置。选择"选择工具",在空白处点击一下,拖动球体到"航"字上方点所在的位置,点击球体中的半圆形路径缩小球体大小,通过调整外侧大圆路径调整贴图的大小和方向,如图3-2-31所示。

图3-2-31 调整位置

9)增加投影层。鼠标在空白处单击一下,选中标题字和图形,执行"编组"操作,按【Ctrl+C】键、【Ctrl+B】键,将填充色统一修改成"#05259B",按右方向键3次、下方向键2次。双击下方的投影层,进入编组内编辑模式,选中球体,点击右侧属性栏的"3D和材质",打开对话框,点击"材质"菜单,在"属性"栏中选择云朵层,点右下角垃圾桶图标删除,如图3-2-32所示。关闭"3D和材质"对话框,在空白处双击鼠标左键退出编组内编辑模式,最终效果如图3-2-33所示。保存"项目3.2.2.ai"文件。

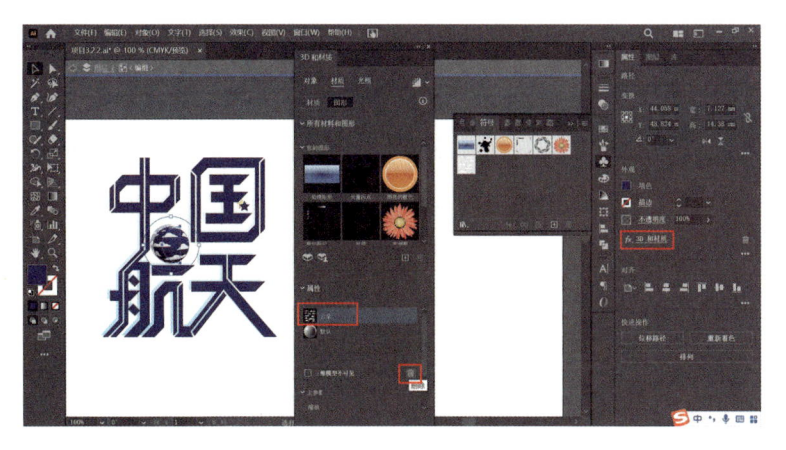

图 3-2-32 删除投影层贴图

图 3-2-33 最终效果

知识储备

➡ AI软件基本操作：收缩和膨胀效果、波纹效果、3D和材质；色板窗口、描边窗口；图像嵌入、图像描摹

➡ AI软件基本工具：美工刀、旋转、渐变

理论闯关

一、填空题

1. "波纹效果"在_____效果组中可以找到。
2. "收缩和膨胀"效果对话框中，设置参数为_____时，对象实现收缩效果；设置参数为正时，对象实现_____效果。
3. 在用"描边"窗口参数绘制爱心形状时，需要将端点设置为_____。
4. 为防止导入的图像丢失，需要执行_____操作。

103

二、选择题

1. 在Illustrator中，下列哪些选项属于图像描摹操作？（　　　）（多选）
   A. 高保真度照片　　B. 中保真度照片　　C. 低保真度照片　　D. 黑白徽标
2. 在Illustrator中，下列哪些选项属于扭曲和变换操作？（　　　）（多选）
   A. 变换　　　　　　B. 扭转　　　　　　C. 收缩和膨胀　　　D. 波纹效果
3. 在Illustrator中，下列哪些选项属于风格化操作？（　　　）（多选）
   A. 内发光　　　　　B. 外发光　　　　　C. 圆角　　　　　　D. 描边
4. 在Illustrator的"3D和材质"对话框中有哪些菜单？（　　　）（多选）
   A. 对象　　　　　　B. 材质　　　　　　C. 光照　　　　　　D. 贴图

实践突破

完成扭曲星球效果

要求：

新建一个200mm×200mm的画板，用上述所学工具和操作过程完成如图3-2-34所示扭曲星球效果。

提示：

1. 绘制彩虹描边圆形，用混合器工具绘制效果，如图3-2-35所示。
2. 执行"效果"—"扭曲和变换"—"粗糙化"命令，参数如图3-2-36所示。
3. 执行"效果"—"扭曲和变换"—"波纹效果"命令，参数如图3-2-37所示。
4. 扩展外观。
5. 膨胀工具。

图3-2-34　扭曲星球

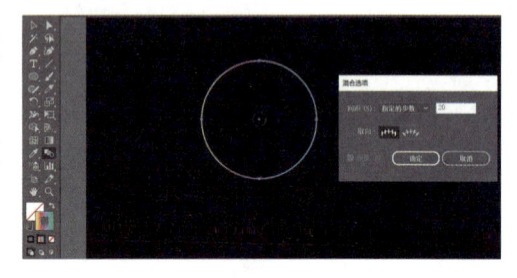

图3-2-35　绘制彩虹描边图层

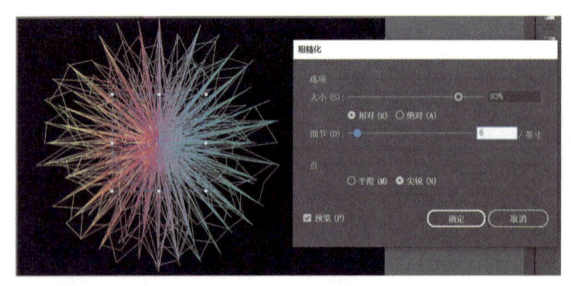

图3-2-36　粗糙化

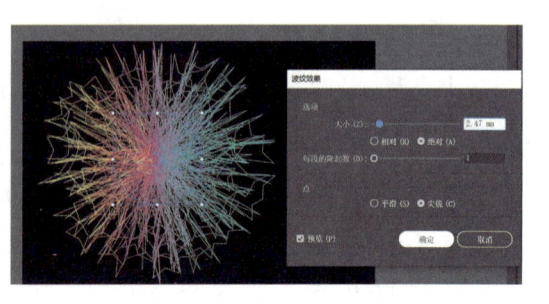

图3-2-37　波纹效果

项目评价

经过这段学习之旅，你会为自己的学习成果打几颗星呢？请用心完成自我评价，肯定自己的成就，也积极寻找并改善不足之处。

<table>
<tr><td colspan="4" align="center">项目实训评价表</td></tr>
<tr><td rowspan="2">项目</td><td colspan="2" align="center">内容</td><td rowspan="2">评价星级</td></tr>
<tr><td>学习目标</td><td>评价目标</td></tr>
<tr><td rowspan="2">职业能力</td><td rowspan="2">掌握Illustrator软件的基本操作和基本工具</td><td>能够用Illustrator软件对图形对象进行基本操作</td><td>☆ ☆ ☆ ☆ ☆</td></tr>
<tr><td>能够在不同场景下灵活使用Illustrator软件工具</td><td>☆ ☆ ☆ ☆ ☆</td></tr>
<tr><td rowspan="4">通用能力</td><td colspan="2">分析问题的能力</td><td>☆ ☆ ☆ ☆ ☆</td></tr>
<tr><td colspan="2">解决问题的能力</td><td>☆ ☆ ☆ ☆ ☆</td></tr>
<tr><td colspan="2">自我提高的能力</td><td>☆ ☆ ☆ ☆ ☆</td></tr>
<tr><td colspan="2">自我创新的能力</td><td>☆ ☆ ☆ ☆ ☆</td></tr>
<tr><td>综合评价</td><td colspan="3" align="center">☆ ☆ ☆ ☆ ☆</td></tr>
</table>

3.3 矢量插画绘制

任务目标

1. 了解矢量插画绘制的一般过程
2. 掌握Illustrator软件中的绘图操作
3. 掌握Illustrator软件中宽度工具和整形工具的使用，并能灵活使用工具完成矢量图形的绘制

任务描述

矢量插画是插画中比较常见的一个类型，也是商业插画师最喜欢的插画类型之一。矢量插画多以简约的扁平风形象出现在各种网页、杂志、商场广告中。绘制矢量插画最方便的工具就是 Illustrator 软件，本任务将为"航天科技博物馆"绘制矢量插画图形，为中国载人飞船设计、绘制矢量图形，使大家在实践中体会中国航天事业的重要意义。

任务导图

矢量插画绘制 —— 实例操作　任务：飞船矢量图绘制

学习新知

任务要求：为中国载人航天飞船设计、绘制扁平风矢量插画素材。

1. 做好绘制准备

1）新建文件。鼠标左键双击 Illustrator 图标，打开 Illustrator 软件，新建一个宽为 200mm、高为 300mm 的画板，并存储工程文件名为"项目 3.3.ai"。

飞船矢量图绘制

2）导入素材。将"3-3 项目素材.jpg"拖入到"项目 3.3.ai"中，并点击右侧属性栏中"快速操作"窗口的"嵌入"按钮。按【Ctrl+2】键将素材锁定。设置为黑色描边模式。

2. 绘制飞船轮廓

1）绘制飞船头部轮廓。选择"矩形工具"，按照提供的项目素材图片绘制相同大小的矩形轮廓，如图 3-3-1 所示。按【Ctrl+R】键显示标尺，用"选择工具"单击矩形轮廓，鼠标从左侧标尺中拖出垂直参考线到矩形轮廓中心点处。选择"钢笔工具"，绘制飞船头部圆弧效果和矩形中直线效果，如图 3-3-2 所示。

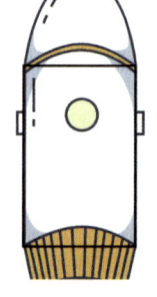

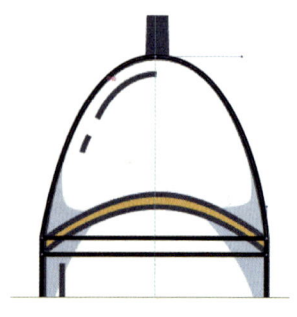

图 3-3-1　矩形轮廓　　图 3-3-2　钢笔绘制效果

106

"航天科技博物馆"矢量图形设计 | 项目三

选择"直接选择工具",单击矩形轮廓,选择"比例缩放工具"下的"整形工具",如图3-3-3所示,在矩形上边中心处增加一个锚点,用"整形工具"选中这个中心锚点向上拖动,形成如图3-3-4所示弧形效果。

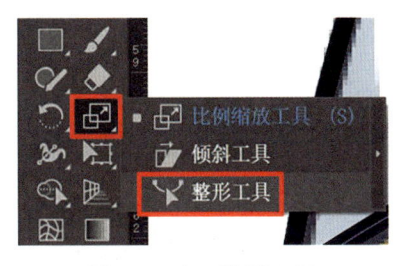

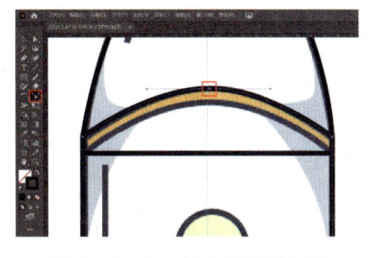

图3-3-3 整形工具　　图3-3-4 绘制弧形效果

选择"选择工具",单击钢笔绘制的直线,选择"整形工具",将直线绘制成弧形效果,并用相同方法将矩形下边轮廓绘制成弧形效果,如图3-3-5所示。用"选择工具"在空白处单击一下,用"钢笔工具"绘制两侧的小矩形,如图3-3-6所示。

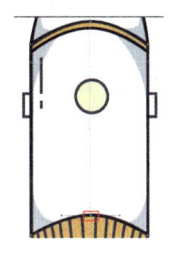

图3-3-5 弧形效果

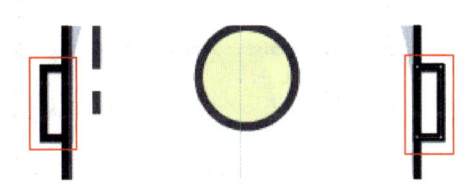

图3-3-6 绘制小矩形

2)绘制飞船船身轮廓。灵活使用学过的工具,绘制飞船船身轮廓,如图3-3-7所示。注意绘制时保证路径的封闭性,使用"整形工具"前要用"直接选择工具"选中路径后才可绘制。

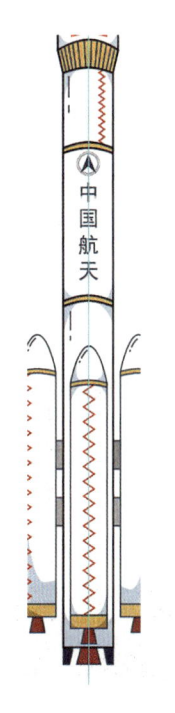

图3-3-7 船身轮廓

思政小贴士

神舟飞船是中国自行研制的第三代载人航天飞行器。其中,神舟五号载人飞船的成功发射标志着中国成为继苏联(现由俄罗斯承继)和美国之后,第三个有能力独自将人送上太空的国家,和发达国家的科技技术差距不断缩小,这对提升中国的国际地位和国际影响力意义重大。

知识链接

Illustrator软件中的"整形工具"类似于锚点调整工具,可以调整形状路径。如果使用"整形工具"时需对路径进行整体移动,需要用"直接选择工具"先单击路径,然后再用"整形工具"对路径进行调整。

学习笔记

问题摘录

知识链接

Illustrator 软件中的"自由变换工具"可以实现图形的任意变形，可以修改图形的位置、尺寸和透视。选择"自由变换工具"后会弹出工具组选框，提供"限制""自由变换""透视扭曲""自由扭曲"功能按钮。"限制"效果与按住【Shift】键变形时相同。"自由变换"主要用于图形变形和尺寸调整。"透视扭曲"可以实现图形的透视变形。"自由扭曲"可以对每一个变形点自由调整位置，按住【Alt】键时可以实现对角点的变形。

3）绘制飞船推进器。选择"矩形工具"，绘制如图 3-3-8 所示矩形，选择"直接选择工具"，选中右下角锚点，向左移动至与参考图重合。选择"选择工具"，鼠标右键单击绘制的梯形轮廓，执行"变换"—"镜像"命令，在打开的"镜像"对话框中，勾选"垂直"和"预览"，单击"确定"按钮，如图 3-3-9 所示。

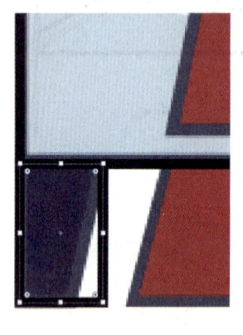

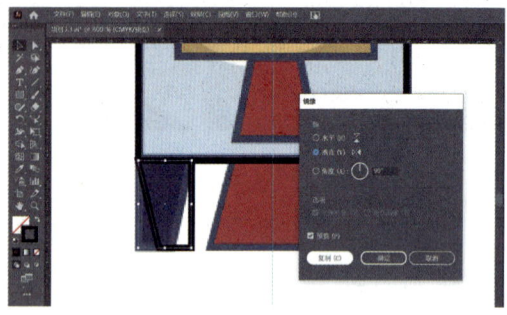

图 3-3-8　绘制矩形　　图 3-3-9　镜像

移动镜像后的梯形到右侧参考位置上。选择"矩形工具"，绘制如图 3-3-10 所示矩形。选择"自由变换工具"，在打开的工具组中选择第三个图标"透视扭曲"，如图 3-3-11 所示。鼠标选择矩形左上角锚点，向右拖动，以此类推，形成梯形，如图 3-3-12 所示。

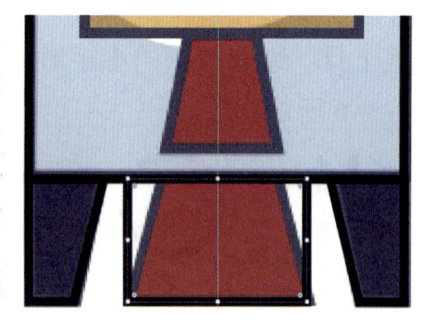

图 3-3-10　绘制矩形

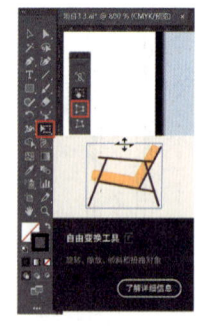

图 3-3-11　透视扭曲　　图 3-3-12　绘制梯形

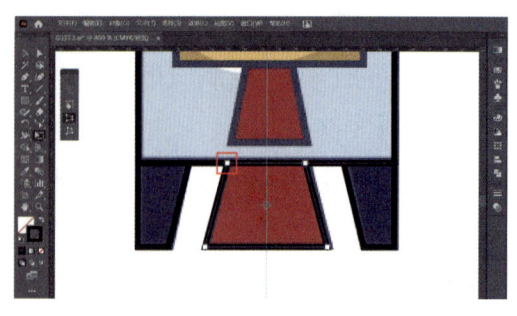

4）绘制发射器轮廓。灵活使用"矩形工具""钢笔工具""整形工具"绘制发射器轮廓，如图3-3-13所示。运用"矩形工具"和"自由变换工具"绘制如图3-3-14所示发射器下方的梯形。用"钢笔工具"绘制发射器顶端的装饰效果。选择"选择工具"，框选绘制的所有发射器路径，执行"编组"效果。按住【Alt】键，将发射器轮廓复制两份，按照参考图放置。用"钢笔工具"绘制发射器和飞船主体的连接部分。将所有轮廓编组，并移动到边上空白处，如图3-3-15所示。

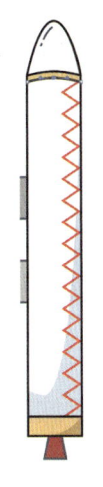

图3-3-13 绘制轮廓

图3-3-14 绘制梯形

学习笔记

知识链接

Illustrator软件中的"宽度工具"能对图形的描边宽度进行调整。"宽度工具"默认对路径两边的描边宽度进行统一调整，按住【Alt】键可以单边调整描边宽度。

5）绘制飞船尖顶效果。根据参考图绘制直线，选择"宽度工具"，选择下锚点延长边线、上锚点边线缩拢，如图3-3-16所示。选择"圆角矩

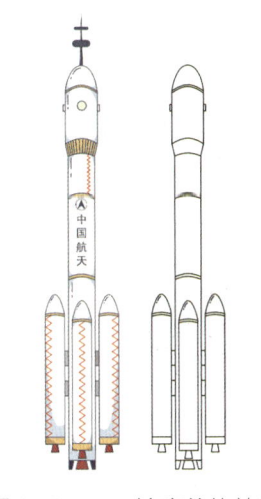

图3-3-15 轮廓总体效果

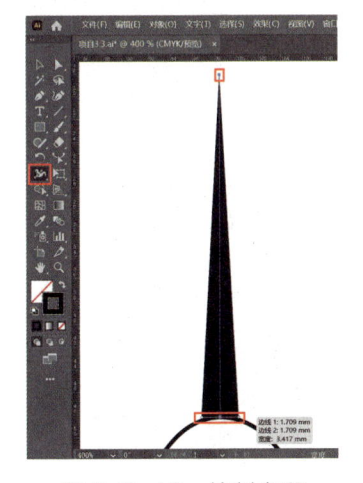

图3-3-16 绘制尖顶

形工具"，如图3-3-17所示，绘制飞船尖顶效果，如图3-3-18所示。

知识链接

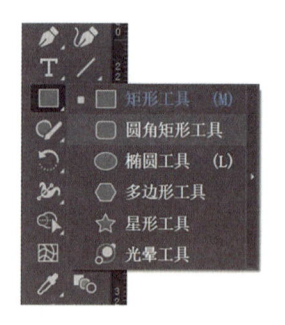

Illustrator软件中的"吸管工具"可以吸取软件中有填充色和描边色的图形的所有效果，吸取图像只能吸取到填充颜色，不能应用到描边颜色上。"吸管工具"还可以吸取文字属性设置方案。按【Shift】键只吸取填充色，不吸取描边色。想要吸取描边色，可以按【X】键，让描边设置置于上方，再按【Shift】键吸取需要的颜色。

图 3-3-17　圆角矩形工具

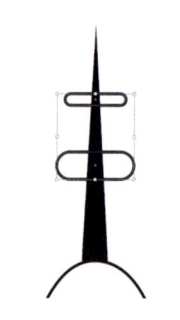

图 3-3-18　尖顶效果

3.添加颜色

1）修改描边颜色。选择"矩形工具"在画板空白处绘制任意矩形，选择"吸管工具"，如图 3-3-19 所示，吸取"3-3 项目素材.jpg"中的描边颜色。鼠标单击"填色"按钮，将"填色"按钮置于上方，执行"窗口"—"色板"命令，单击弹出的"色板"窗口右下角的"新建色板"按钮，如图 3-3-20 所示。在弹出的"新建色板"窗口中点击"确定"按钮，如图 3-3-21 所示，"色板"窗口中就会出现描边色的色板，如图 3-3-22 所示。

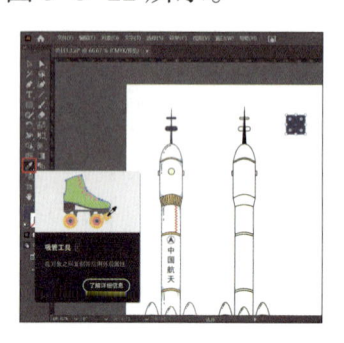

图 3-3-19　吸管工具

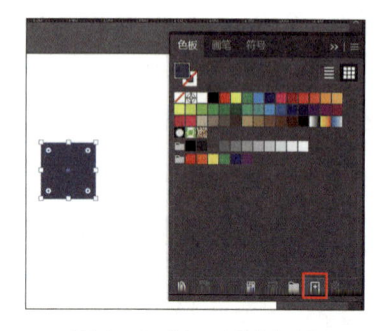

图 3-3-20　新建色板

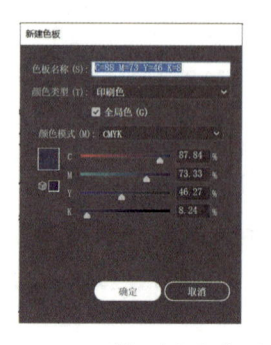

图 3-3-21　"新建色板"窗口

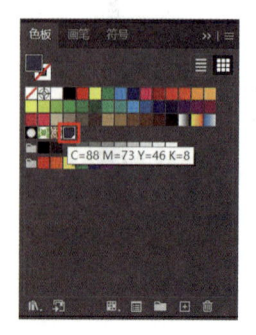

图 3-3-22　增加描边色色板

选择"选择工具"选中火箭轮廓组,将"描边"按钮置于上方,选择色板中的描边色,即可修改轮廓的颜色,修改后效果如图 3-3-23 所示。

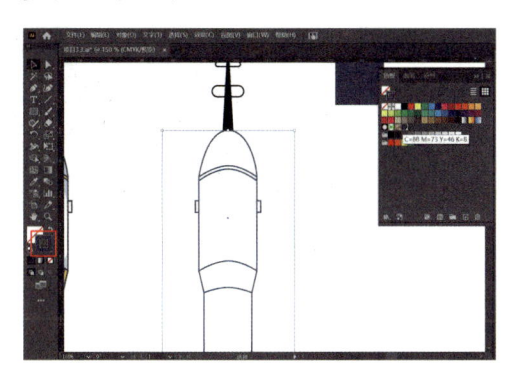

图 3-3-23 修改后效果

2)"实时上色工具"填充颜色。选择"选择工具",框选飞船轮廓,将其移至画板外侧灰色区域。选择"实时上色工具",按右方向键调整鼠标上颜色设置为白色,按照参考图填充白色区域,如图 3-3-24 所示。按【Alt】键吸取参考图上对应颜色,填充到轮廓中的相同区域,填充后效果如图 3-3-25 所示。

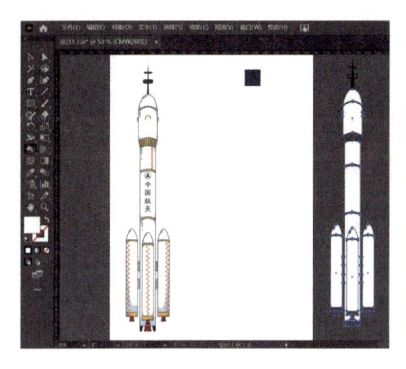

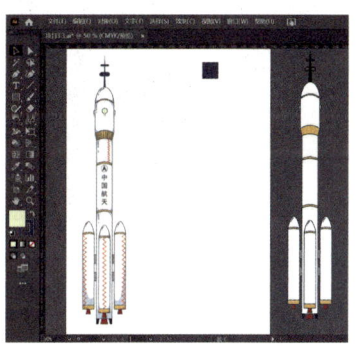

图 3-3-24 填充白色　　图 3-3-25 填充其他色

3)调整尖顶颜色。选择"选择工具",将飞船轮廓框选后移回画板区域。点击尖顶上圆角矩形,选择"吸管工具",吸取参考图上尖顶色,效果如图 3-3-26 所示。选择"选择工具",选择尖顶垂直路径,执行"对象"—"扩展"命令,在弹出的对话框点击"确定"

按钮。用"吸管工具"吸取圆角矩形的颜色,用"直接选择工具"调整下方两个锚点位置到弧形路径内,如图 3-3-27 所示。

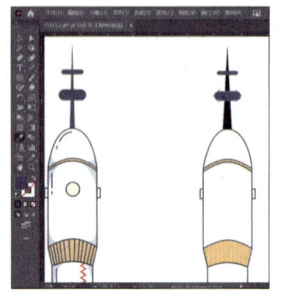

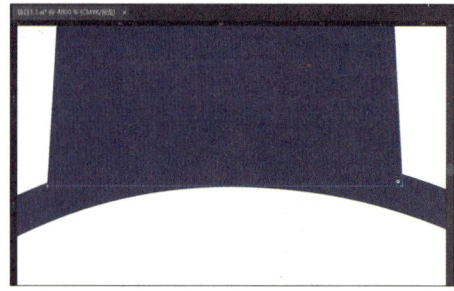

图 3-3-26　调整尖顶颜色　　图 3-3-27　调整锚点

4)增加暗面。选择"选择工具",单击填色后的飞船轮廓组,执行"对象"—"扩展"命令,在打开的对话框中单击"确定"按钮,执行"取消编组"操作 3 次。用前述步骤新建暗面色板,如图 3-3-28 所示。选择"选择工具",选择火箭头部白色区块,点击"填色与描边"下方的"内部绘图"模式,如图 3-3-29 所示。

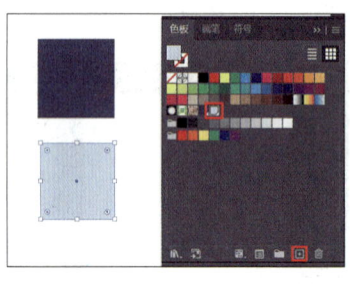

图 3-3-28　新建暗面色板　　图 3-3-29　内部绘图模式

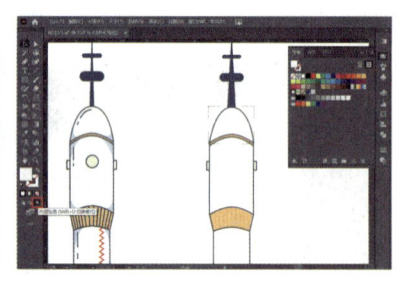

选择"钢笔工具",在内部绘图区域绘制暗面,单击色板中的暗面颜色,如图 3-3-30 所示。选择"选择工具",单击"正常绘图"模式,即可选择下一个色块,再用"内部绘图"模式和"钢笔工具"完成暗面绘制,完成后效果如图 3-3-31 所示

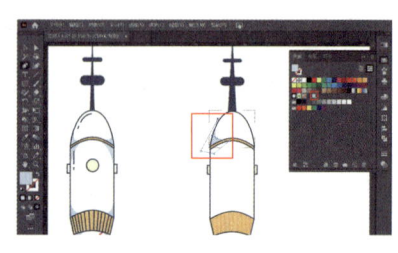

图 3-3-30　绘制暗面

示。如果有遗漏的暗面，可以鼠标双击区域进入"剪切组"，再用"钢笔工具"绘制暗面，绘制完毕后鼠标双击空白区域退出"剪切组"，如图3-3-32所示。

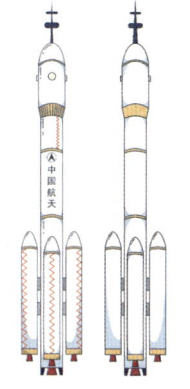

> **知识链接**
>
> Illustrator软件提供三种绘图模式，分别是正常绘图、背面绘图和内部绘图，如下图所示。正常绘图模式是绘制的图形置于顶层。背面绘图模式是当前绘制的图形在上一个图形的下方。内部绘图模式是在所选图形的轮廓内侧绘制图形，类似剪切蒙版效果。在插画绘制过程中，灵活运用内部绘图模式是最主要的操作。
>
> 正常绘图模式
> 背面绘图模式
> 内部绘图模式

图3-3-31 暗面效果

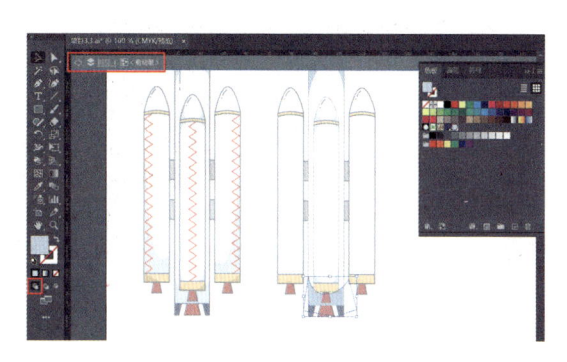

图3-3-32 "剪切组"绘制暗面

4. 增加细节

1）绘制反光效果。单击"互换填色和描边"按钮，设置填色为无，描边色应用色板中新建的深蓝色，用"钢笔工具"绘制如图3-3-33所示反光效果，绘制完一段路径后按【Enter】键结束路径绘制。最终效果如图3-3-34所示。

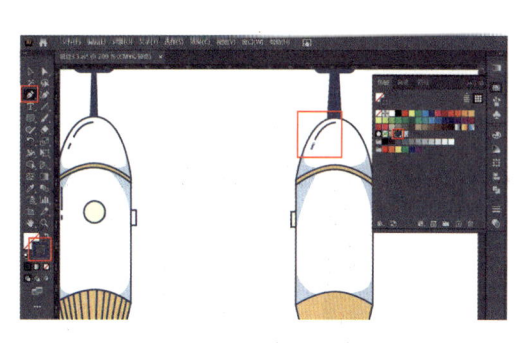

图3-3-33 绘制反光路径

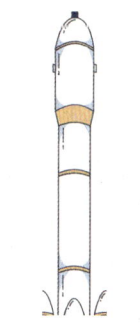

图3-3-34 反光效果

2）增加飞船头部细节。放大视图，选择"椭圆工具"，按住【Shift】键在飞船头部合适位置绘制一个正圆，填充色用"吸管工具"吸取参考图中的浅黄色，

113

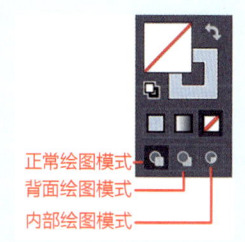

图形图像处理

学习笔记

描边色应用色板中新建的深蓝色，效果如图3-3-35所示。

描边色应用色板新建的深蓝色，选择"钢笔工具"，绘制如图3-3-36所示效果。

图3-3-35 绘制窗口　　图3-3-36 绘制纹路

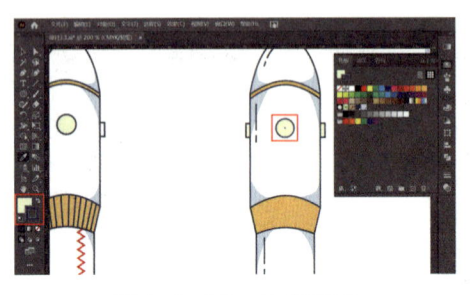

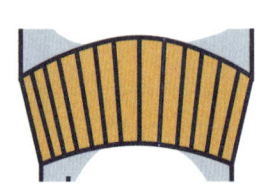

3）绘制中国航天标志。选择"多边形工具"，按住【Shift】键并用下方向键调整边数，绘制正三角形，选择"自由变换工具"中的"透视扭曲"调整正三角形为等腰三角形，如图3-3-37所示。选择"钢笔工具"，在三角形底边中心增加一个锚点，选择"直接选择工具"，将增加的锚点向上移动，单击"互换填色和描边"按钮，如图3-3-38所示。选择"选择工具"，在空白处点一下，单击"互换填色和描边"按钮，选择"椭圆工具"，绘制三个同心圆，描边粗细设置为0.25pt。将航天标志编组，移动到合适位置上。效果如图3-3-39所示。

学习思考

绘制三个同心圆的操作过程是什么？为方便绘制同心圆，可以使用哪些快捷方式进行操作？

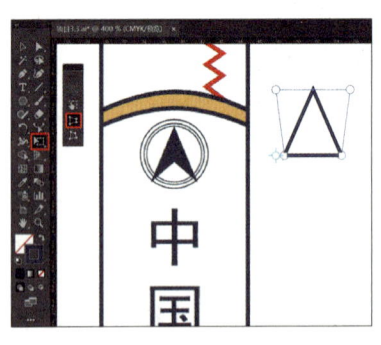

图3-3-37 调整为等腰三角形　　图3-3-38 添加锚点并移动

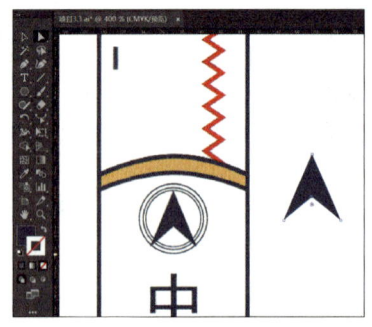

114

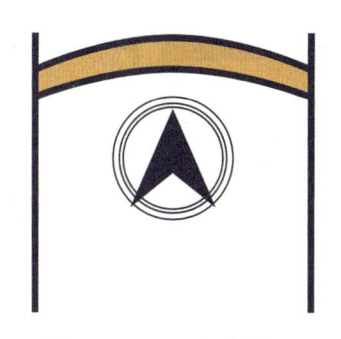

图 3-3-39　标志效果

4）添加"中国航天"字样。选择"直排文字工具"，如图 3-3-40 所示。在标志下方单击一下，输入"中国航天"字样，在右侧属性栏设置字符为"黑体"，字体大小为"18pt"，字符字距为"260"，颜色应用色板中的深蓝色，如图 3-3-41 所示。

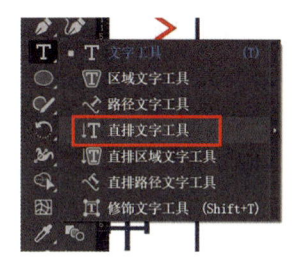

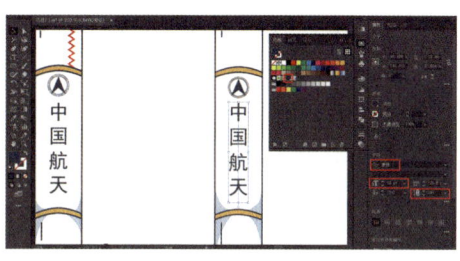

图 3-3-40　直排文字工具　　图 3-3-41 设置字样属性

4）绘制波纹效果。将填色设为红色（255，0，0），单击"互换填色和描边"按钮，选择"钢笔工具"，在空白处绘制一条垂直方向的直线。执行"效果"—"扭曲和变换"—"波纹效果"命令，在打开的"波纹效果"对话框中勾选"相对"，"大小"设置为 4%，"每段的隆起数"为 16，如图 3-3-42 所示。选择"选择工具"，将波纹移动到合适位置，用"直接选择工具"调整波纹路径的长度。执行"对象"—"扩展"命令，再次执行"对象"—"扩展"命令，用"直接选择工具"调整波纹和边线轮廓的重叠情况，如图 3-3-43 所示。

学习笔记

学习思考

请总结用Illustrator软件绘制矢量插画的一般流程。

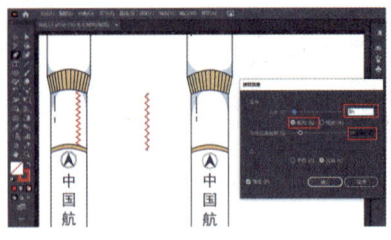

图 3-3-42 设置波纹效果　　图 3-3-43 调整细节

用上述方法，绘制波纹效果，参数根据参考图效果自行设置，并将其移到发射器合适位置，执行"扩展"命令2次后用"直接选择工具"调整细节，效果如图 3-3-44 所示。飞船完整效果如图 3-3-45 所示。保存"项目3.3.ai"文件。

图 3-3-44 发射器波纹效果　　图 3-3-45 飞船完整矢量图

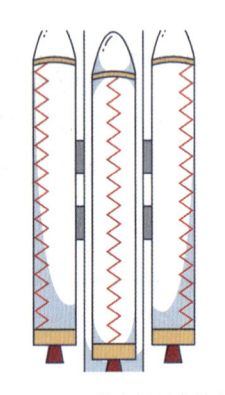

知识储备

- AI软件绘制矢量插画的一般流程
- AI软件基本操作：波纹效果、内部绘图模式、新建色板
- AI软件基本工具：整形工具、自由变换工具、宽度工具、吸管工具

理论闯关

一、填空题

1. 整形工具需要和_____工具组合使用。
2. 吸管工具只能吸取图像中的颜色到_____效果上。

116

3. 在使用自由变换工具的过程中，想要对图形进行透视效果操作，需要选择_____按钮。

二、选择题

1. 宽度工具使用过程中，按住（　　）快捷键可以调整单边描边宽度。
   A. Ctrl　　　　B. Shift　　　　C. Alt　　　　D. Tab
2. 在 Illustrator 中，下列什么工具只能对描边路径进行操作？（　　）
   A. 宽度工具　　B. 变形工具　　C. 缩拢工具　　D. 晶格工具
3. Illustrator 提供了哪些绘图模式？（　　）（多选）
   A. 正常绘图　　B. 正面绘图　　C. 背面绘图　　D. 内部绘图

实践突破

绘制航天飞行器插画

要求：

新建一个 200mm×200mm 的画板，用上述所学工具和操作完成如图 3-3-46 所示插画。

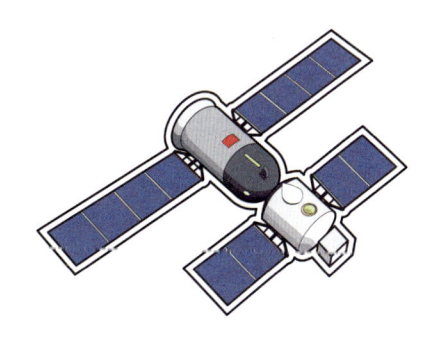

图 3-3-46　航天飞行器插画

提示：

1. 用形状工具和钢笔工具绘制图形轮廓。
2. 太空飞船连接部分用描边绘制，扩展后即可调整图形未衔接部分。
3. 用实时上色工具上色后，执行扩展操作，取消编组 2 次，即可对每块色块进行内部绘图，增加暗面效果。
4. 外侧的轮廓通过偏移路径制作。复制粘贴所有图形后，用形状生成器工具将复制的图形中所有区块合并。

项目评价

经过这段学习之旅,你会为自己的学习成果打几颗星呢?请用心完成自我评价,肯定自己的成就,也积极寻找并改善不足之处。

<table>
<tr><td colspan="4" align="center">项目实训评价表</td></tr>
<tr><td rowspan="2">项目</td><td colspan="2" align="center">内容</td><td rowspan="2">评价星级</td></tr>
<tr><td>学习目标</td><td>评价目标</td></tr>
<tr><td rowspan="3">职业能力</td><td>掌握Illustrator软件绘制矢量插画的一般方法</td><td>能够规范绘制矢量插画</td><td>☆ ☆ ☆ ☆ ☆</td></tr>
<tr><td rowspan="2">掌握Illustrator软件的基本操作和基本工具</td><td>能够用Illustrator软件对图形对象进行基本操作</td><td>☆ ☆ ☆ ☆ ☆</td></tr>
<tr><td>能够在不同场景下灵活使用Illustrator软件工具</td><td>☆ ☆ ☆ ☆ ☆</td></tr>
<tr><td rowspan="4">通用能力</td><td colspan="2">分析问题的能力</td><td>☆ ☆ ☆ ☆ ☆</td></tr>
<tr><td colspan="2">解决问题的能力</td><td>☆ ☆ ☆ ☆ ☆</td></tr>
<tr><td colspan="2">自我提高的能力</td><td>☆ ☆ ☆ ☆ ☆</td></tr>
<tr><td colspan="2">自我创新的能力</td><td>☆ ☆ ☆ ☆ ☆</td></tr>
<tr><td>综合评价</td><td colspan="3" align="center">☆ ☆ ☆ ☆ ☆</td></tr>
</table>

PROJECT 4

项目四

"中国航天"
海报设计

图形图像处理

导语

在这个充满创意与想象力的篇章中，我们将探索海报设计的奇妙世界，通过视觉的魔法呈现出信息的独特韵律。海报，是传递思想、激发情感的艺术之作，是文字、图像和空间的交汇，承载着时代与梦想的气息。

文字是我们思维的翅膀，图像是我们感知的窗口。在这个多元、快速变化的时代，海报成为引导视线、传递信息的艺术媒介。字体、颜色、布局，每一种元素都是一种语言，编织出一篇关于品牌、活动或理念的视觉故事。

本项目中的"中国航天"海报设计实例旨在通过艺术的视觉呈现，将航天的创新、冒险以及科技力量融为一体，用设计的语言诠释中国航天的无限魅力，展示中国航天的壮丽征程和取得的辉煌成就。我们将通过这个实例，学习如何使用Photoshop软件，进行图像处理和排版，创造出引人注目、难以忘怀的视觉盛宴。让我们一同踏上这场探索之旅，感受设计的魔力，点燃创意的火花，共同创造属于我们的视觉奇迹。

项目描述

夜幕中的太空，是我们勇往直前的舞台；璀璨的星辰，见证了中国航天的光辉岁月。本项目主要运用Photoshop软件对素材进行处理，旨在设计引人入胜的中国航天宣传海报。海报整体采用蓝紫色调，通过添加太空隧道、星星、星球、光线等元素，凸显太空的神秘与壮丽，同时也展现中国航天的先进与创新。通过海报，我们一同迎风翱翔，感受航天之梦的奇妙旅程，共同见证中国航天的辉煌篇章。

项目要点

- 海报背景制作
- 海报图形图片处理
- 海报文字排版设计
- 海报整体效果设计

项目分析

在本项目中，通过对太空背景的制作，掌握添加杂色、高斯模糊等滤镜效果；通过对太空隧道以及光效的制作，学会对图像进行动感模糊、极坐标等滤镜处理，并且掌握图像缩放、透视等变形处理，掌握图片素材基本加工处理的能力；通过对星球的绘制，掌握图层样式的运用；通过文字排版，掌握字符面板参数设置；最后通过对海报整体效果的设计，掌握综合使用画笔、路径模糊、图层叠加模式来为海报添加颜色、调整图层的方法，进一步提升综合加工处理的能力。

4.1 海报背景制作

中国航天海报
背景制作

任务目标

1. 学会新建、保存图像文件
2. 熟悉PS的主要工作区域，包括菜单栏、工具栏、图层面板等
3. 掌握使用油漆桶上色的操作
4. 掌握对图层进行重命名等基础操作
5. 掌握综合运用添加杂色、高斯模糊和调整阈值制作星星效果

任务描述

通过海报背景制作，掌握综合运用添加杂色、高斯模糊和调整阈值制作星星效果的方法。

任务导图

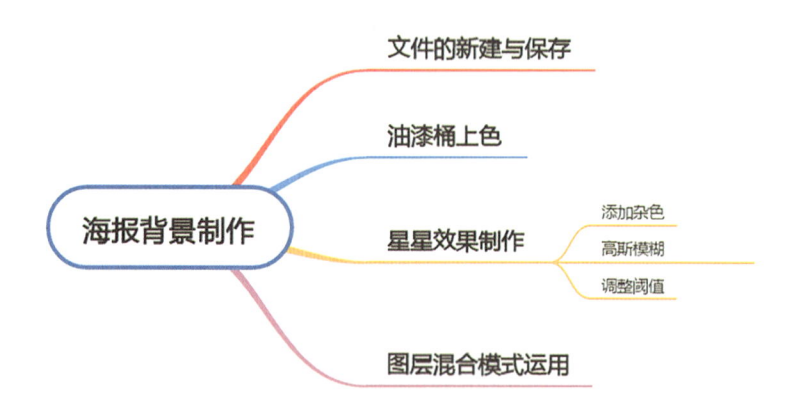

海报背景制作
- 文件的新建与保存
- 油漆桶上色
- 星星效果制作
  - 添加杂色
  - 高斯模糊
  - 调整阈值
- 图层混合模式运用

任务实践

1）新建文件。执行"文件"—"新建"命令，打开"新建"对话框，具体参数设置如图4-1-1所示，单击"创建"按钮，创建一个新文档。

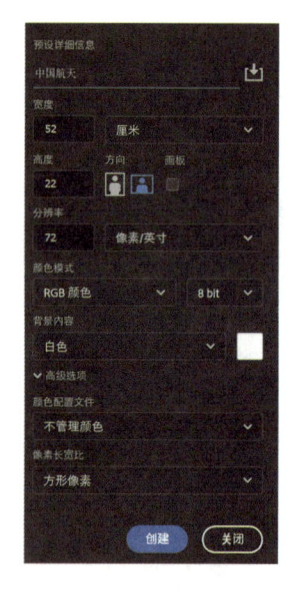

2）填充"背景"图层颜色。单击"设置前景色工具"，如图4-1-2所示，在打开的"拾色器（前景色）"界面中设置前景色颜色数值为"#212129"，如图4-1-3所示。选择"油漆桶工具"，单击画布，填充背景色颜色为"#212129"，如图4-1-4所示。

图 4-1-1 新建文件参数设置

图 4-1-2 设置前景色工具

快捷键小贴士

新建	【Ctrl+N】
打开	【Ctrl+O】

知识链接

海报的宽度和高度需要与实际印刷的尺寸一致。一般来说，分辨率越高，印刷出来的质量越好，但分辨率需要根据实际情况进行设置，不是所有场合都需要高分辨率。一般印刷品分辨率为150～300DPI，高档画册分辨率为350DPI，1米以内的喷绘广告分辨率为7～100DPI，巨幅喷绘分辨率为25DPI，多媒体显示图像为72DPI。

图 4-1-3 "拾色器（前景色）"界面

图 4-1-4 油漆桶填充颜色

> 快捷键小贴士

填充前景色	【Alt+Delete】
填充背景色	【Ctrl+ Delete】

3）创建"星星"新图层。单击"图层"面板右下方"创建新图层"按钮，在背景图层上方创建一个空白的新图层"图层1"，如图 4-1-5 所示。双击"图层1"图层名称，将其重命名为"星星"，如图 4-1-6 所示。

> 快捷键小贴士

创建新图层	【Shift+Ctrl+N】

图 4-1-5 创建空白图层

图 4-1-6 图层重命名

> 学习笔记

4）填充"星星"图层颜色。使用"油漆桶工具"填充"星星"图层颜色为黑色"#000000"，如图 4-1-7 所示。

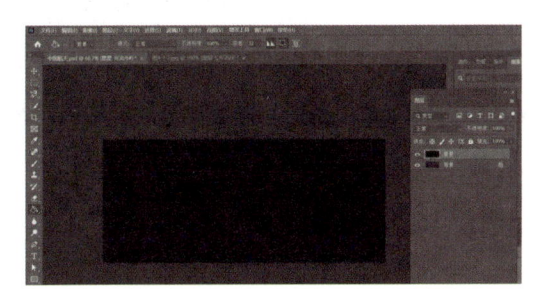

图 4-1-7 油漆桶填充颜色

问题摘录

5)"添加杂色"效果。选中"星星"图层,执行"滤镜"—"杂色"—"添加杂色"命令,如图4-1-8所示。设置杂色"数量"为39.08%,分布方式为"高斯分布",勾选"单色"后点击"确定"按钮,如图4-1-9所示。

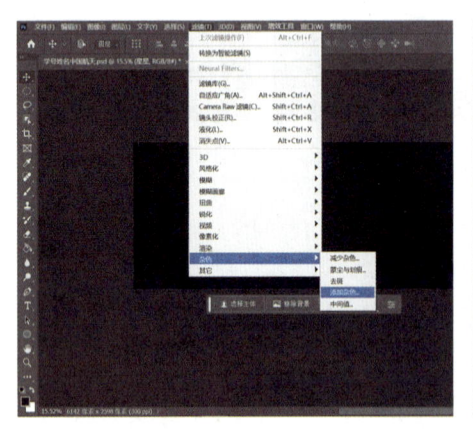

图 4-1-8 "添加杂色"操作 　　图 4-1-9 "添加杂色"数值设置

知识链接

"添加杂色"滤镜的作用是将添加的杂色与图像相混合。

参数调节:

数量:设置添加到图像中的杂点的数量。

平均分布:使用随机分布产生杂色,杂点效果比较柔和。

高斯分布:可以沿一条钟形曲线分布杂色的颜色值,以获得斑点状的杂点效果。

6)添加"高斯模糊"效果。执行"滤镜"—"模糊"—"高斯模糊"命令,如图4-1-10所示,设置"半径"为1.0像素,点击"确定"按钮,如图4-1-11所示。

知识链接

"高斯模糊"滤镜可以向图像中添加低频细节,使图像产生一种朦胧的模糊效果。

参数调节:

- 半径:调整用于计算指定像素平均值的区域大小。数值越大,产生的模糊效果越好。

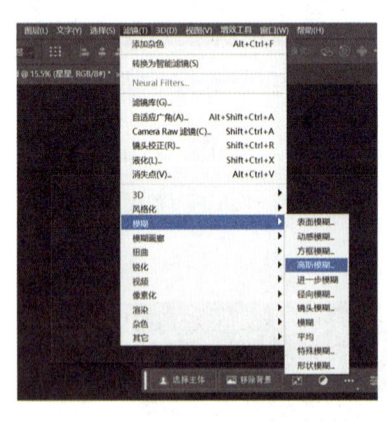

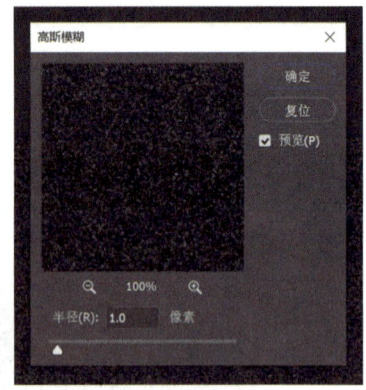

图 4-1-10 添加"高斯模糊" 　　图 4-1-11 "高斯模糊"数值设置

7）调整"阈值"。执行"图像"—"调整"—"阈值"命令，如图4-1-12所示，设置"阈值色阶"为92，如图4-1-13所示。

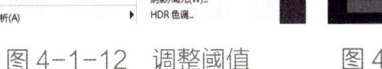

图4-1-12 调整阈值　　图4-1-13 "阈值"数值设置

知识链接

"阈值"是基于图片亮度的黑白分界值。使用"阈值"可以删除图像中的色彩信息，将其转换为只有黑和白两种颜色的图像，其中比阈值亮的像素将转换为白色，比阈值暗的像素将转换为黑色。

在"阈值"对话框中拖拉直方图下方的滑块或输入"阈值色阶"数值可以指定一个色阶作为阈值。

8）再次添加"高斯模糊"效果。执行"滤镜"—"模糊"—"高斯模糊"命令，设置"半径"为0.5像素，点击"确定"按钮，如图4-1-14所示。

9）调整"星星"颜色。执行"图像"—"调整"—"色相/饱和度"命令，勾选"着色"，设置"色相"为208，"饱和度"为+70，如图4-1-15所示。

知识链接

使用"色相/饱和度"命令可以对色彩的三大属性——色相、饱和度（纯度）、明度——进行修改，既可以调整整个画面的色相、饱和度和明度，也可以单独调整单一颜色的色相、饱和度和明度。

图4-1-14 "高斯模糊"数值设置　　图4-1-15 "色相/饱和度"数值设置

快捷键小贴士

| 色相/饱和度 | 【Ctrl+U】 |

10）设置图层混合模式为"滤色"，如图4-1-16所示。

11）加强"星星"效果。选中"星星"图层，按住【Ctrl+J】键，得到"星星 拷贝"图层，如图4-1-17所示。

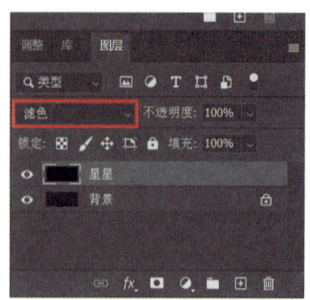

图 4-1-16　图层混合模式设置

图 4-1-17　复制图层

12）保存文件。执行"文件"—"存储为"命令，保存文件为"中国航天海报星空背景.psd"，最终效果如图 4-1-18 所示。

图 4-1-18　星空背景最终效果

知识储备

▷ 新建、保存图像文件

▷ 新建图层、图层重命名

▷ 图层混合模式

▷ 油漆桶的使用

▷ 添加杂色、高斯模糊等效果

▷ 调整阈值

理论闯关

一、填空题

1. _____滤镜组中的滤镜可以添加或移去图像中的杂色，这样有助于将选择的像素混合到周围的像素中。

2. 在新建一个文件时，你可以在"文件"菜单中选择"新建"选项，然后输入你想要的文件的_____、_____和分辨率等信息。

3. 若要调整油漆桶工具的填充颜色，可以在工具选项栏中找到_____，通过调整其数值或点击颜色示意框进行选择。

4. 调整阈值时，通过滑动滑块，你可以看到图像逐渐转换为黑白，调整条左侧的区域被认为是图像中_____的部分，右侧被认为是图像中_____的部分。

二、选择题

1. 如何在 Photoshop 中创建一个新图层？（　　）

    A. Ctrl + N　　　B. Ctrl + C　　　C. Ctrl + J　　　D. Ctrl + Shift + N

2. 若要撤销上一步操作，你应该使用什么按键？（　　）

    A. Ctrl + Z　　　B. Ctrl + Y　　　C. Ctrl + X　　　D. Ctrl + C

项目评价

经过这段学习之旅，你会为自己的学习成果打几颗星呢？请用心完成自我评价，肯定自己的成就，也积极寻找并改善不足之处。

项目实训评价表

项目	内容		评价星级
	学习目标	评价目标	
职业能力	掌握新建、保存图像文件的操作	能够新建、保存图像文件	☆ ☆ ☆ ☆ ☆
	掌握油漆桶工具的使用方法	能够用油漆桶工具给图层或者图形上色	☆ ☆ ☆ ☆ ☆
	掌握图层的基本操作方法	能够调整图层顺序、对图层重命名	☆ ☆ ☆ ☆ ☆
	掌握添加杂色、高斯模糊和调整阈值等工具、命令的使用方法	能够综合运用添加杂色、高斯模糊和调整阈值制作星星效果	☆ ☆ ☆ ☆ ☆

续表

项目	内容		评价星级
	学习目标	评价目标	
通用能力	分析问题的能力		☆ ☆ ☆ ☆ ☆
	解决问题的能力		☆ ☆ ☆ ☆ ☆
	自我提高的能力		☆ ☆ ☆ ☆ ☆
	自我创新的能力		☆ ☆ ☆ ☆ ☆
综合评价		☆ ☆ ☆ ☆ ☆	

项目实训评价表

4.2 海报图形图像处理

中国航天海报
图形图像处理

任务目标

1. 学会使用高斯模糊、动感模糊等模糊工具为图像添加模糊效果
2. 掌握极坐标工具的使用
3. 掌握图层样式的应用
4. 学会使用椭圆等工具绘制基础形状
5. 掌握缩放、透视等变形操作
6. 理解图层蒙版的概念

任务描述

通过制作太空隧道图像效果，掌握极坐标的运用、垂直反转操作等；通过绘制星球图形，掌握图样样式的运用；通过绘制光效，进一步掌握动感模糊和高斯模糊工具的运用。

任务导图

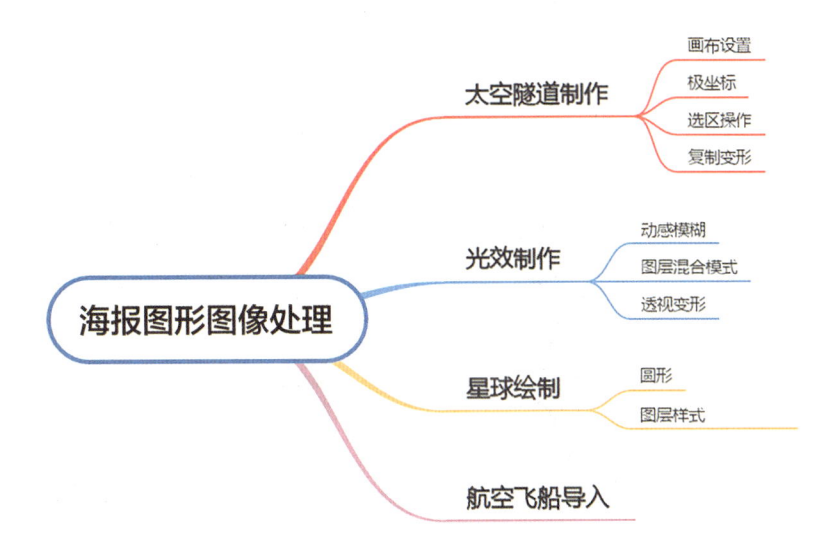

海报图形图像处理
- 太空隧道制作
  - 画布设置
  - 极坐标
  - 选区操作
  - 复制变形
- 光效制作
  - 动感模糊
  - 图层混合模式
  - 透视变形
- 星球绘制
  - 图形
  - 图层样式
- 航空飞船导入

任务实践

1）打开海报文件。执行"文件"—"打开"命令，打开"中国航天海报星空背景.psd"文件，如图 4-2-1 所示。

2）打开素材图片文件。执行"文件"—"打开"命令，打开"1.png"文件，如图 4-2-2 所示。

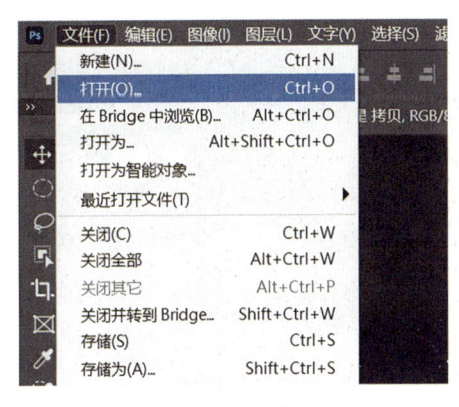

图 4-2-1 打开海报文件　　　　图 4-2-2 打开素材文件

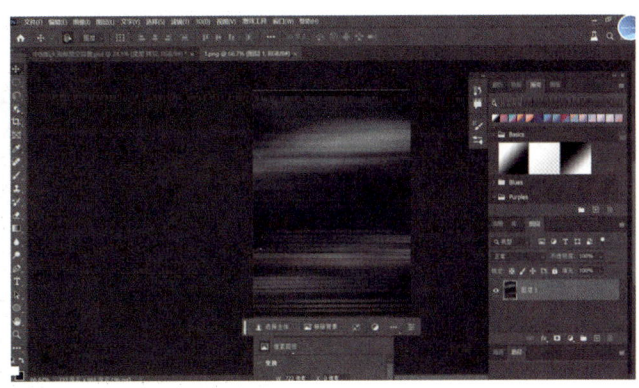

129

知识链接

"画布大小"是用于调整可编辑画面的范围,修改"宽度"和"高度"数值可以修改画布尺寸。勾选"相对"复选框时,"宽度"和"高度"数值表示画布尺寸的增量,正值表示增大画布尺寸,负值表示减小画布尺寸。

3)改变"画布大小"。执行"图像"—"画布大小"命令,如图 4-2-3 所示,设置"宽度"和"高度"都是 981 像素,如图 4-2-4 所示。

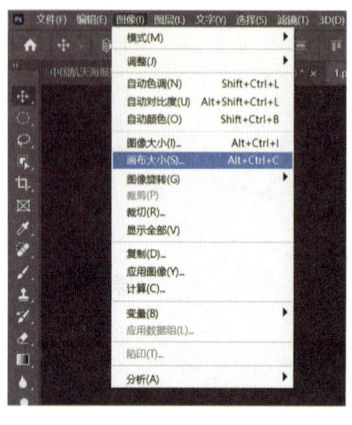

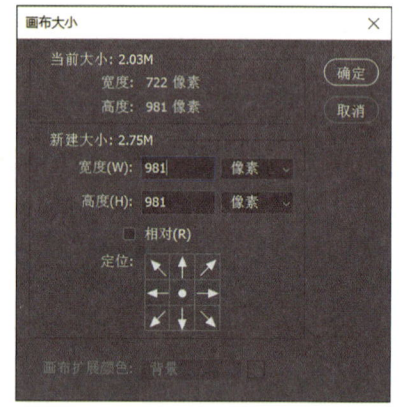

图 4-2-3 执行"画布大小"命令

图 4-2-4 "画布大小"数值设置

4)横向拉伸图片。执行"编辑"—"变换"—"缩放"命令,按住【Shift】键,鼠标左键按住横向拉伸变换节点,拉伸图片,使图片能够充满整个画面,按回车键确定,如图 4-2-5 所示。

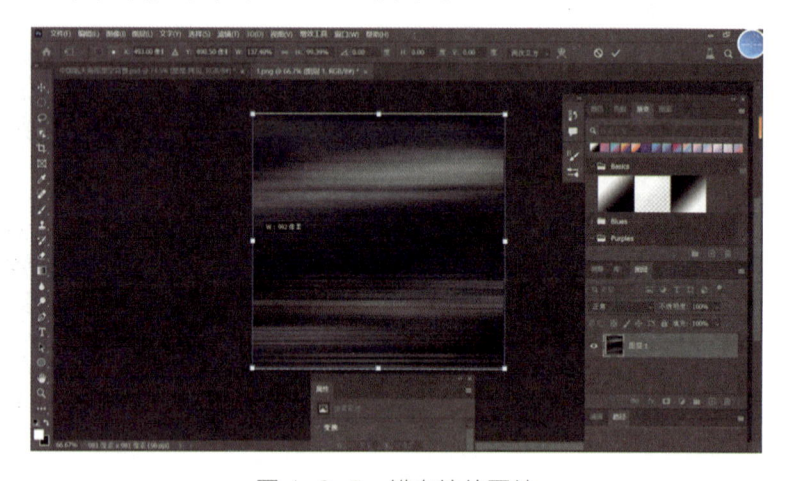

图 4-2-5 横向拉伸图片

5)执行"滤镜"—"扭曲"—"极坐标"命令,如图 4-2-6 所示,选择"平面坐标到极坐标",点击"确定"按钮,如图 4-2-7 所示。

知识链接

使用"极坐标"滤镜可以将图像从平面坐标转换到极坐标,或从极坐标转换到平面坐标。
- 从平面坐标转换到极坐标:使矩形图像变为圆形图像。
- 从极坐标转换到平面坐标:使圆形图像变为矩形图像。

图 4-2-6　执行"极坐标"命令

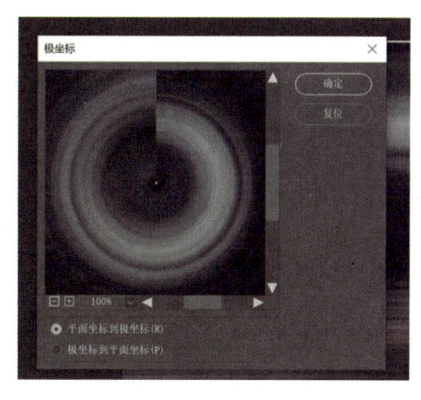

图 4-2-7　"极坐标"设置

6）选择"矩形选框工具",如图 4-2-8 所示,框选右半边圆,按【Delete】键删除右半边圆。再选择"椭圆选框工具",按住【Alt+Shift】键沿中心往外画一个正圆,执行"选择"—"反选"命令,按【Delete】键删除圆外面的背景,如图 4-2-9 所示,然后按【Ctrl+D】键取消选区。

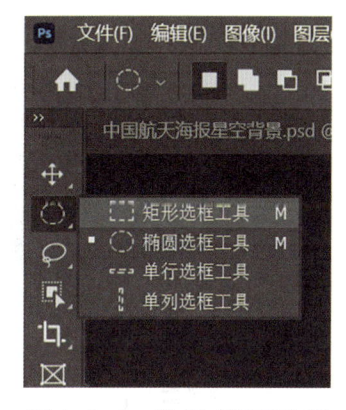

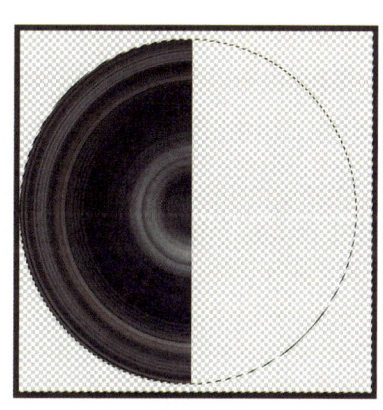

图 4-2-8　选择"矩形选框工具"

图 4-2-9　删除圆外面的背景

7）按【Ctrl+J】键复制图层,执行"编辑"—"变换"—"水平翻转"命令,如图 4-2-10 所示,"水平翻转"后效果如图 4-2-11 所示。按住【Shift】键,鼠标左键水平向右移动半圆位置,使

图 4-2-10　执行"水平翻转"命令

其和左边半圆贴合，如图 4-2-12 所示。

图 4-2-11 "水平翻转"后效果 　　图 4-2-12 移动半圆位置

8）右键点击"图层"面板中"图层 1 拷贝"图层的空白处，在列表中选择"向下合并"命令，将两个图层合并成一个图层，如图 4-2-13 所示。

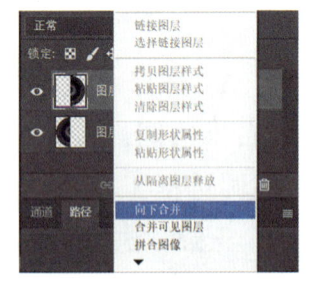

9）选择"椭圆选框工具"，如图 4-2-14 所示。按住【Shift】键画出一个正圆选区，执行"选择"—"变换选区"命令，调整选区到合适的大小，如图 4-2-15 所示。按回车键确定后，按【Delete】键删除选区内的内容，按【Ctrl+D】键取消选区，如图 4-2-16 所示。

图 4-2-13 "向下合并"图层

图 4-2-14 选择"椭圆选框工具"

图 4-2-15 选择中间区域的圆 　　图 4-2-16 删除中间区域的圆

快捷键小贴士

| 合并图层 | 【Ctrl+E】 |

10）将圆环图形拖到"中国航天海报星空背景.psd"文件中，如图4-2-17所示。按【Ctrl+T】键，调整圆环大小和位置。

图4-2-17　将圆环拖到星空背景上

11）执行"编辑"—"变换"—"透视"命令，调整圆环透视，如图4-2-18所示。

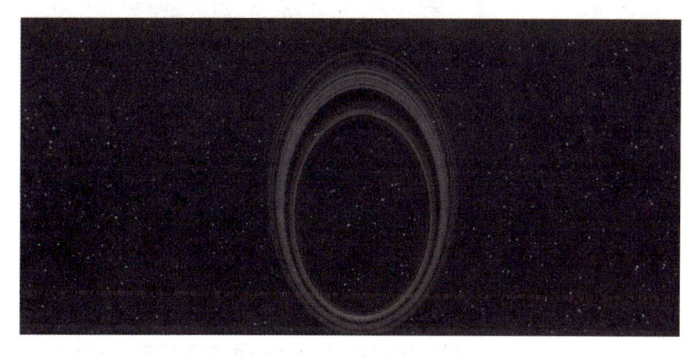

图4-2-18　调整圆环透视

12）执行"编辑"—"变换"—"缩放"命令，按住【Shift】键，调整圆环形状如图4-2-19所示。

图4-2-19　垂直压扁圆环

知识链接

- 水平翻转：对图像进行左右镜像翻转。
- 垂直翻转：对图像进行上下镜像翻转。

13）将"图层 1"重命名为"太空隧道"，如图 4-2-20 所示。

14）按【Ctrl+J】键复制"太空隧道"图层后，选中"太空隧道"图层，执行"编辑"—"变换"—"垂直翻转"命令，垂直翻转图层，如图 4-2-21 所示。

图 4-2-20 "图层 1"重命名

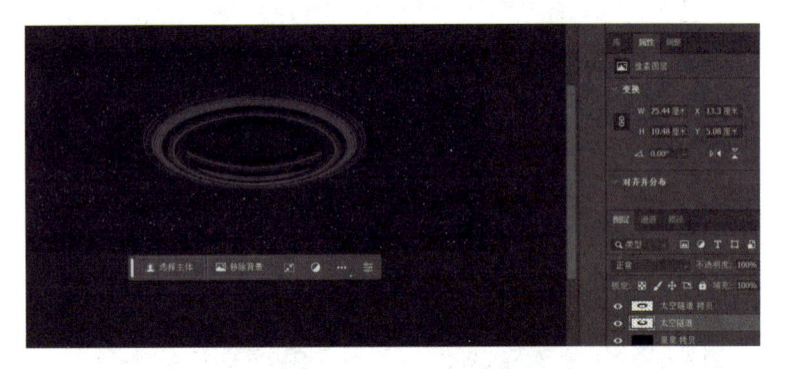

图 4-2-21 垂直翻转圆环

15）执行"图像"—"调整"—"亮度/对比度"命令，如图 4-2-22 所示，设置"亮度"为 124，提高"太空隧道"图层亮度，如图 4-2-23 所示。

图 4-2-22 执行"亮度/对比度"命令

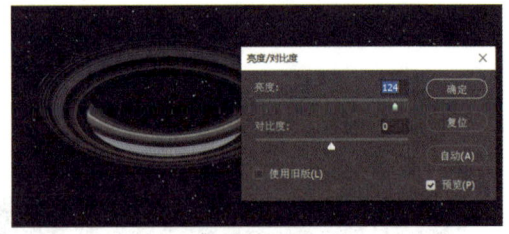

图 4-2-23 "亮度/对比度"数值设置

16）选中"太空隧道 拷贝"图层，按【Ctrl+J】键复制一层，如图 4-2-24 所示。调整"太空隧道 拷贝"图层大小，并设置该图层"不透明度"为 77%，如图 4-2-25 所示。

图 4-2-24 复制"太空隧道 拷贝"图层

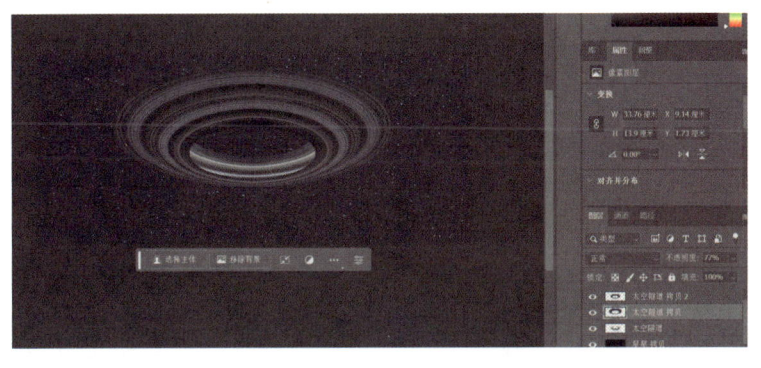

图 4-2-25 调整"太空隧道 拷贝"图层大小和透明度

17）选中"太空隧道 拷贝"图层，鼠标左键拖动图层，调整图层顺序，按【Ctrl+J】键复制一层，如图 4-2-26 所示。调整"太空隧道 拷贝"图层大小，并设置该图层"不透明度"为 39%，如图 4-2-27 所示。

图 4-2-26 复制"太空隧道 拷贝"图层

图 4-2-27　调整"太空隧道 拷贝"图层大小和透明度

18）选中"太空隧道 拷贝 2"图层，按住【Shift】键，鼠标左键单击"太空隧道 拷贝"图层，全选 4 个图层，如图 4-2-28 所示。按【Ctrl+G】键将图层打组，重命名为"太空隧道"，如图 4-2-29 所示。

图 4-2-28　全选 4 个图层　　图 4-2-29　将图层打组重命名

19）选中"太空隧道"组，按【Ctrl+T】键，调整隧道角度、大小，将其放到左边位置，如图 4-2-30 所示。

图 4-2-30　调整隧道角度、大小和位置

"中国航天"海报设计 项目四

20）执行"文件"—"置入嵌入对象"命令，如图 4-2-31 所示，置入"2.jpg"图像并将其缩小至合适大小，将"2"图层重命名为"光效"，如图 4-2-32 所示。

图 4-2-31　执行"置入嵌入对象"命令

图 4-2-32　图层重命名

知识链接

置入文件后，可以对作为智能对象的图像进行缩放、定位、变形等操作，并且不会降低图像的质量。操作完成之后可以栅格化对象减少硬件设备负担。

知识链接

栅格化：栅格即像素，栅格化即将矢量图形转化为位图（栅格图像）。

例如，文字层是矢量图层，未栅格化之前可以调整字符大小、字体，但是不能填充渐变，不能使用高斯模糊扭曲等滤镜；栅格化后可以使用滤镜、填充，但不能再改变字体、字号。

要进行滤镜、形状（如分割）、画笔绘制等处理，图层内容必须是位图形式，如果是文字，或是带路径形状的画（蒙版矢量图）、矢量图案，不能直接进行以上处理，要将这些矢量元素转成位图形式，俗称栅格化。

21）执行"滤镜"—"模糊"—"动感模糊"命令，设置"距离"为 596 像素，如图 4-2-33 所示。

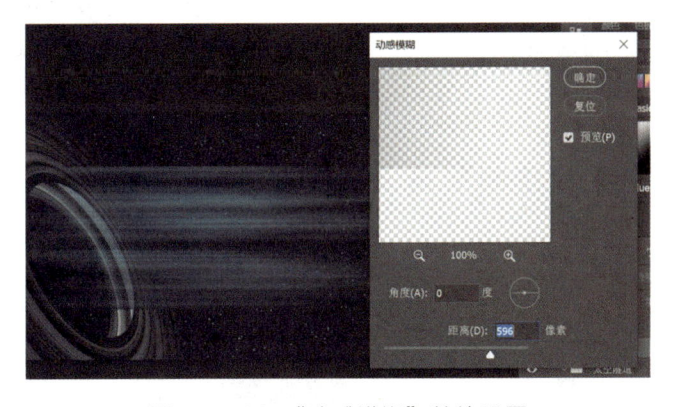

图 4-2-33　"动感模糊"数值设置

22）右键单击"光效"图层空白处，执行"栅格化图层"命令，如图 4-2-34 所示。

137

图 4-2-34　执行"栅格化图层"命令

23）执行"图像"—"调整"—"去色"命令，将图像变成黑白色调，如图 4-2-35 所示。

图 4-2-35　执行"去色"命令

24）设置图层混合模式为"滤色"模式，如图 4-2-36 所示。

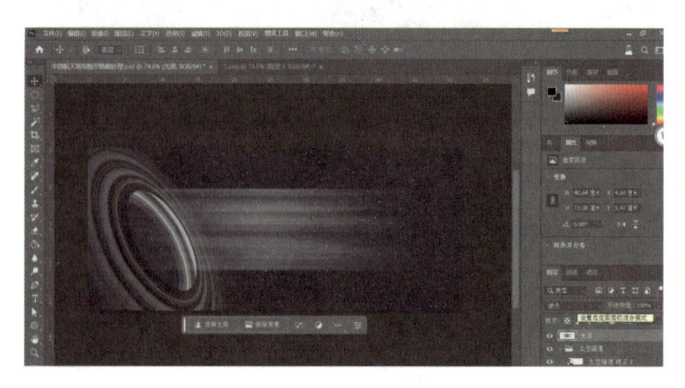

图 4-2-36　设置"滤色"模式

25）复制"光效"图层，并移动位置，如图4-2-37所示。

图4-2-37 复制、移动"光效"图层

26）选中"光效 拷贝"图层，右键点击该图层，选择"向下合并"命令，将两个"光效"图层合并成一个图层，如图4-2-38所示。

27）执行"编辑"—"变换"—"透视"命令，调整光效透视，如图4-2-39所示。

图4-2-38 "向下合并"图层

图4-2-39 调整光效透视

28）执行"编辑"—"变换"—"缩放"命令，调整光效形状和位置，如图4-2-40所示。

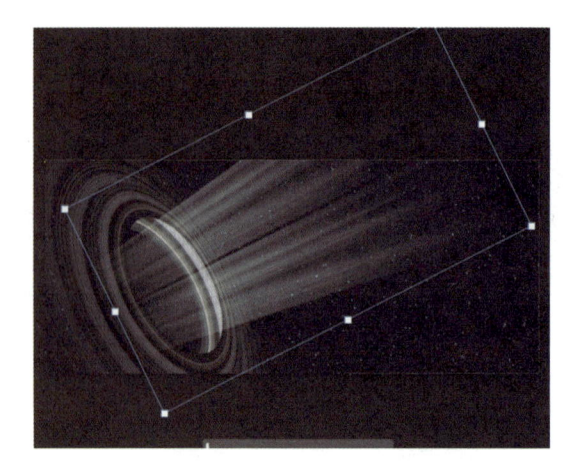

图 4-2-40　调整光效形状和位置

29）执行"滤镜"—"模糊"—"高斯模糊"命令，给光效添加模糊效果，如图 4-2-41 所示。

30）选择"光效"图层，单击"图层"面板下方的"图层蒙版"按钮，为"光效"图层添加图层蒙版，如图 4-2-42 所示。

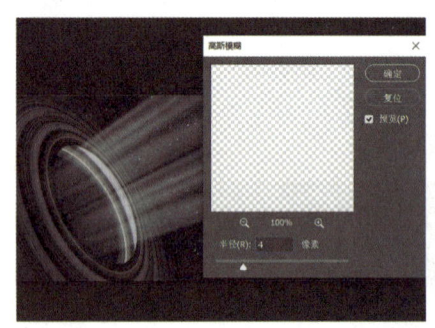

图 4-2-41　添加模糊效果　　图 4-2-42　添加图层蒙版

31）选择"画笔工具"，如图 4-2-43 所示。设置画笔"大小"为 200 像素，"硬度"为 0%，颜色为黑色"#000000"，如图 4-2-44 所示。擦掉多余光效，如图 4-2-45 所示。

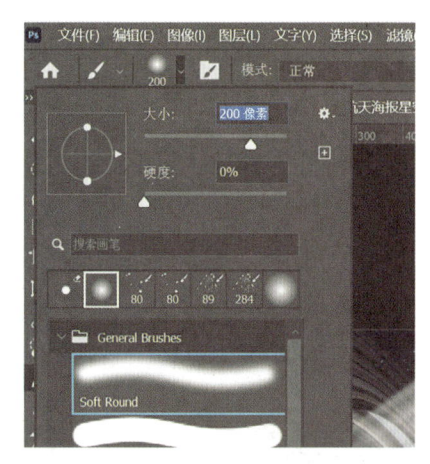

图 4-2-43 选择"画笔工具"　　图 4-2-44 画笔设置

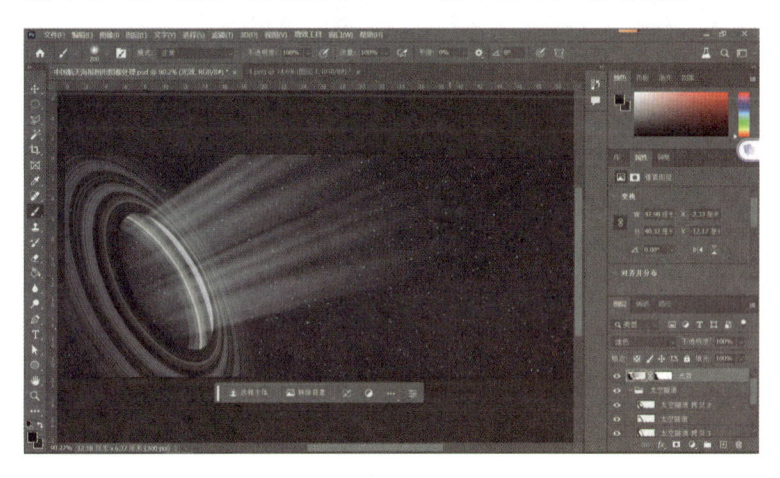

图 4-2-45 擦掉多余光效

32）按【Ctrl+J】键，复制"光效"图层，以增强光效效果，如图 4-2-46 所示。

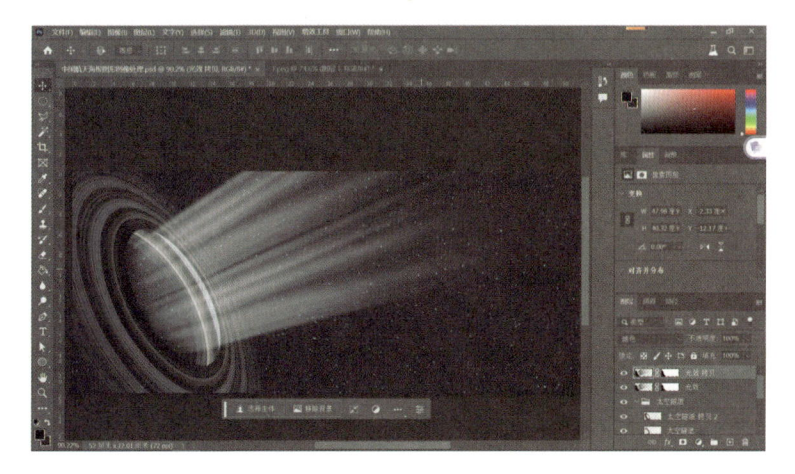

图 4-2-46 复制"光效"图层增强光效效果

33）按住【Ctrl】键，点击"太空隧道 拷贝 2"图层缩略图，将该图层内容载入选区，执行"选择"—"反选"命令，将选区反向，如图 4-2-47 所示。

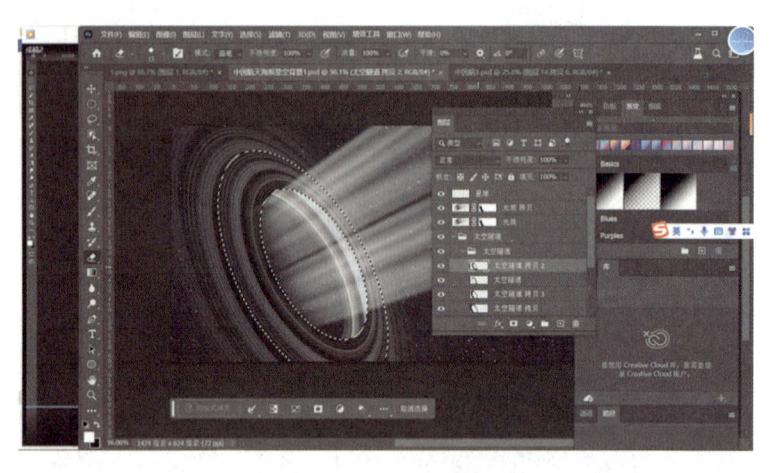

图 4-2-47　反向选区

34）选择"太空隧道 拷贝 2"图层，单击"图层"面板下方的"图层"按钮，新建一个空白图层，如图 4-2-48 所示。选择"画笔工具"，将隧道中心圆部分填充为白色，如图 4-2-49 所示。按【Ctrl+D】键，取消选区。

图 4-2-48　新建空白图层

图 4-2-49 填充选区

35）给"图层 3"图层添加图层蒙版，按住【Ctrl】键，单击"图层 3"缩略图，将该图层内容载入选区。选择"渐变工具"，如图 4-2-50 所示，设置渐变颜色为黑白渐变，如图 4-2-51 所示，填充图层蒙版的渐变颜色，如图 4-2-52 所示。

图 4-2-50 选择"渐变工具"

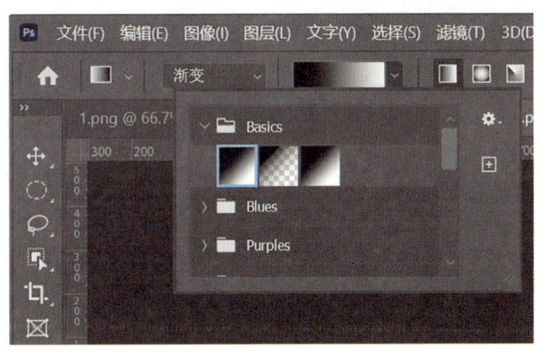

图 4-2-51 设置黑白渐变

图 4-2-52 填充图层蒙版渐变颜色

36）选择"太空隧道 拷贝 2"图层，执行"图像"—"调整"—"亮度/对比度"命令，设置"亮度"为-84，如图 4-2-53 所示，降低该图层亮度后效果，如图 4-2-54 所示。

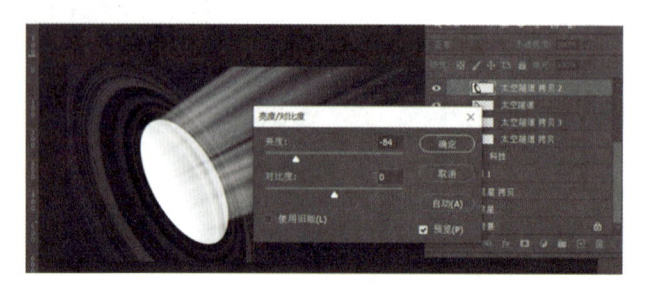

图 4-2-53 "亮度/对比度"数值设置

图 4-2-54 调整"亮度/对比度"后效果

37）选择"椭圆工具"，如图 4-2-55 所示，按住【Shift】键，画出一个白色正圆，将该图层重命名为"星球"，并调整图层顺序，放到最顶层，如图 4-2-56 所示。

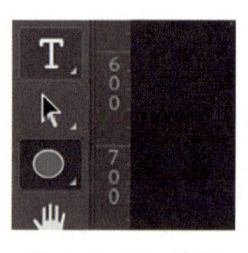

图 4-2-55 选择"椭圆工具"

图 4-2-56 画一个正圆"星球"

38）双击"星球"图层空白处，打开"图层样式"面板，勾选"渐变叠加"，设置"角度"为 180°，如图 4-2-57 所示，设置渐变颜色如图 4-2-58 所示。勾选"内发光"，设置发光颜色为"#b4b3b3"，"大小"

为 180 像素，如图 4-2-59 所示。添加"图层样式"后效果如图 4-2-60 所示。

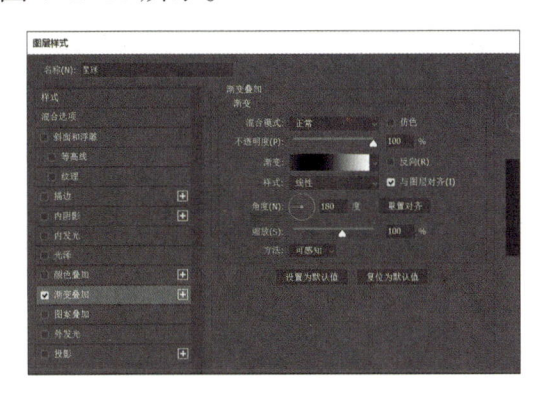

图 4-2-57 "渐变叠加"设置

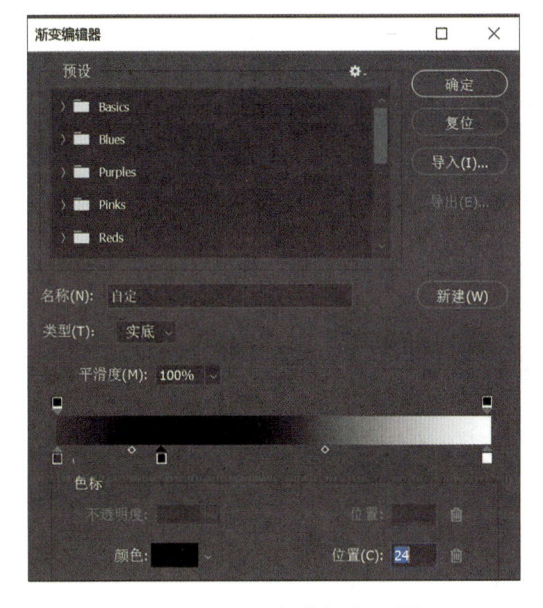

图 4-2-58 渐变颜色设置

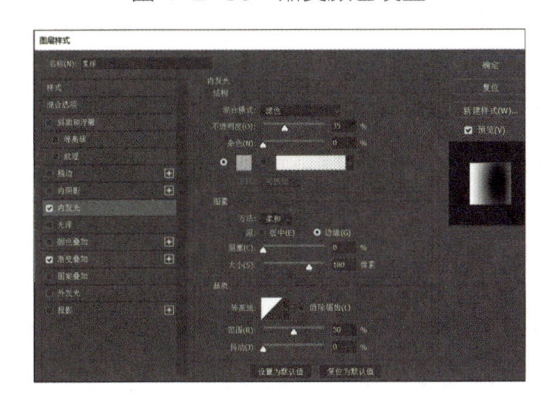

图 4-2-59 "内发光"设置

图 4-2-60 添加"图层样式"后效果

39）选中"星球"图层，右键点击该图层，执行"栅格化图层样式"命令，如图 4-2-61 所示。

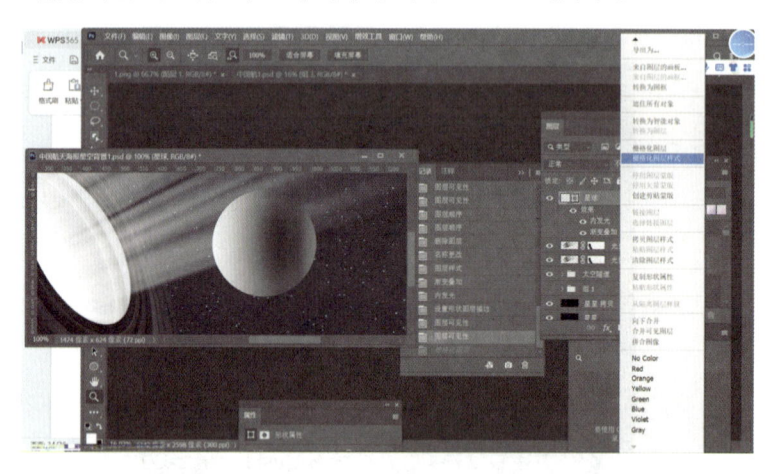

图 4-2-61 栅格化图层样式

40）多次复制"星球"图层，缩放移动，得到大小不一的星球，选中所有"星球"图层，按【Ctrl+G】键打组，将组重命名为"星球"，效果如图 4-2-62 所示。

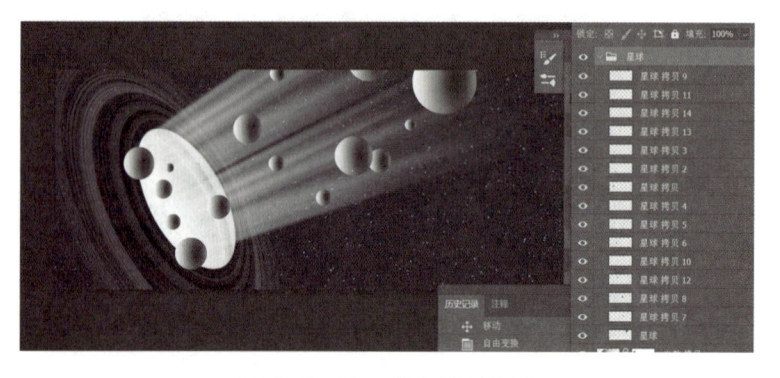

图 4-2-62 多个星球效果

41）按【Ctrl】键，点击"图层 3"缩略图，获得椭圆选区，如图 4-2-63 所示。选中"星球"组，为该组添加图层蒙版，并使用白色画笔将星球擦出来，效果如 4-2-64 所示。

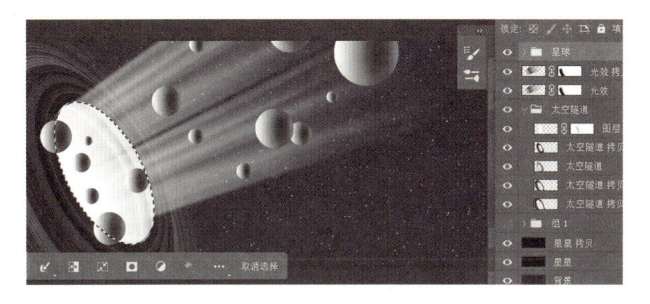

图 4-2-63　获得椭圆选区

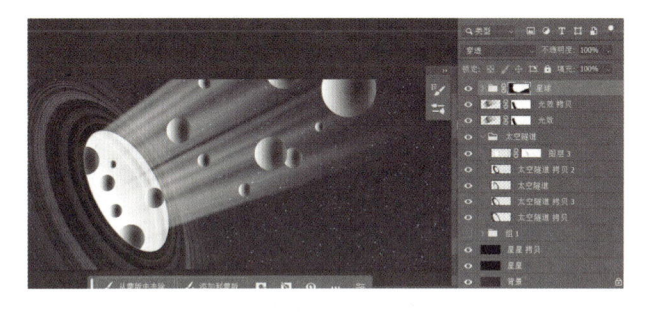

图 4-2-64　擦出星球多余部分

42）置入"3.png"图像，将火箭摆放在合适的位置，如图 4-2-65 所示。

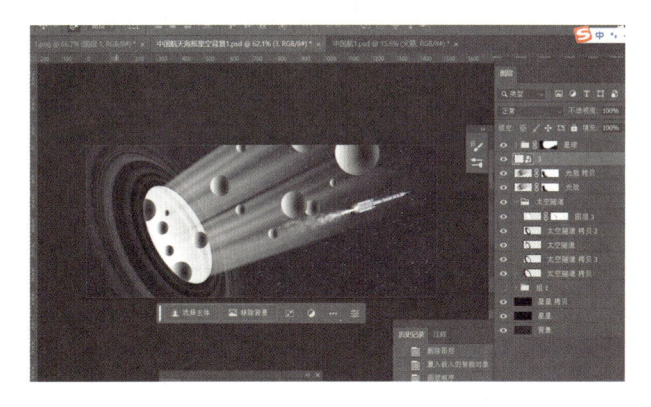

图 4-2-65　置入火箭素材

43）执行"文件"—"存储为"命令，保存文件为"中国航天海报图形图像处理.psd"。

知识储备

- "模糊"滤镜组的使用
- 极坐标滤镜的使用
- 图层样式应用
- 椭圆等基础图形工具
- 缩放、透视等变形操作
- 图层蒙版

理论闯关

一、填空题

1. "画布大小"用于调整可编辑画面的范围,勾选_____复选框时,"宽度"和"高度"数值表示画布尺寸的增量,正值表示增大画布尺寸,负值表示减小画布尺寸。

2. 使用椭圆选框工具创建椭圆形选区时,在拖动鼠标的同时,按住_____键,可以创建圆形选区。

二、选择题

1. 在Photoshop中,哪个工具用于选择矩形或正方形区域?(　　)
   A. 画笔工具　　B. 刷子工具　　C. 选区工具　　D. 橡皮擦工具

2. 复制图层的快捷键是什么?(　　)
   A. Ctrl+T　　B. Ctrl+B　　C. Ctrl+J　　D. Ctrl+M

项目评价

经过这段学习之旅,你会为自己的学习成果打几颗星呢?请用心完成自我评价,肯定自己的成就,也积极寻找并改善不足之处。

<table>
<tr><td colspan="4" align="center">项目实训评价表</td></tr>
<tr><td rowspan="2">项目</td><td colspan="2" align="center">内容</td><td rowspan="2">评价星级</td></tr>
<tr><td>学习目标</td><td>评价目标</td></tr>
<tr><td>职业能力</td><td>学会使用高斯模糊、动感模糊等模糊工具为图像添加模糊效果</td><td>能够使用高斯模糊、动感模糊等模糊工具为图像添加模糊效果</td><td>☆ ☆ ☆ ☆ ☆</td></tr>
</table>

续表

项目	内容		评价星级
	学习目标	评价目标	
职业能力	掌握极坐标滤镜的使用	能够使用极坐标为图像添加特殊效果	☆☆☆☆☆
	掌握图层样式的应用	能够使用图层样式添加渐变叠加、内发光等效果	☆☆☆☆☆
	学会使用椭圆等工具绘制基础形状	能够绘制椭圆等基础形状	☆☆☆☆☆
	学会使用缩放、透视等变形操作	能够对图像进行缩放、透视等变形操作	☆☆☆☆☆
	理解图层蒙版的概念	能够结合图层蒙版控制图层显示与隐藏	☆☆☆☆☆
通用能力	分析问题的能力		☆☆☆☆☆
	解决问题的能力		☆☆☆☆☆
	自我提高的能力		☆☆☆☆☆
	自我创新的能力		☆☆☆☆☆
综合评价		☆☆☆☆☆	

4.3 海报文字排版设计

中国航天海报文字排版设计

任务目标

1. 掌握文本的字体、字号、行间距等属性的设置方法
2. 掌握使用图层样式为文本添加渐变效果的方法

任务描述

通过海报主标题效果的处理，掌握使用图层样式为文本添加渐变效果的方法，增强文本的视觉吸引力。通过对海报宣传语的处理，学会在 Photoshop 中调整文本的外观属性，包括字体、字号和字间距，以实现更精准的文本排版。

任务导图

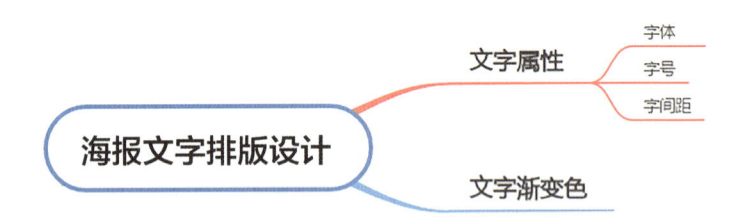

海报文字排版设计
- 文字属性
  - 字体
  - 字号
  - 字间距
- 文字渐变色

任务实践

1）打开"中国航天海报图形图像处理.psd"文件，如图 4-3-1 所示。

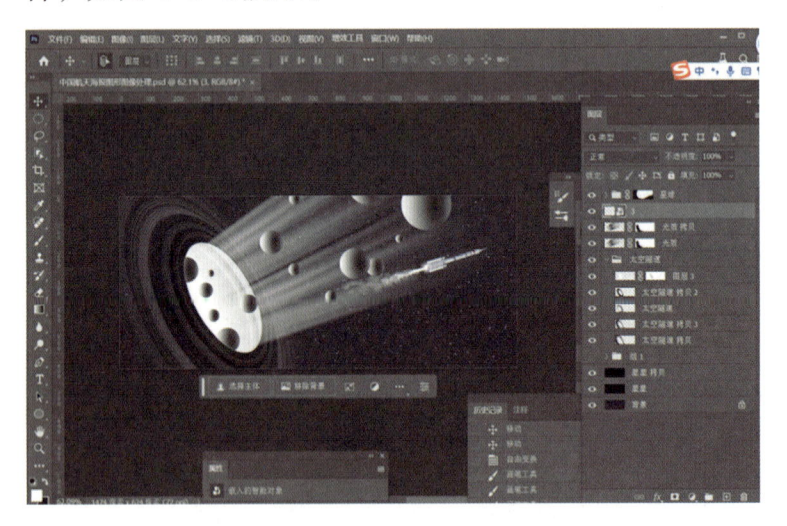

图 4-3-1　打开海报文件

2）执行"文件"—"置入嵌入对象"命令，置入"4.png"文件，将图层重命名为"主标题"，如图 4-3-2 所示。

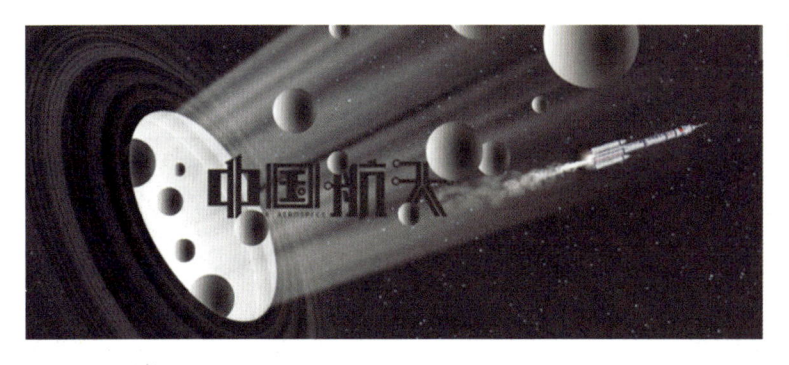

图 4-3-2　置入主标题文字

3）双击"主标题"图层，添加"渐变叠加"效果，设置"角度"为 90°，如图 4-3-3 所示，渐变叠加颜色如图 4-3-4 所示。

图 4-3-3　增加"渐变叠加"

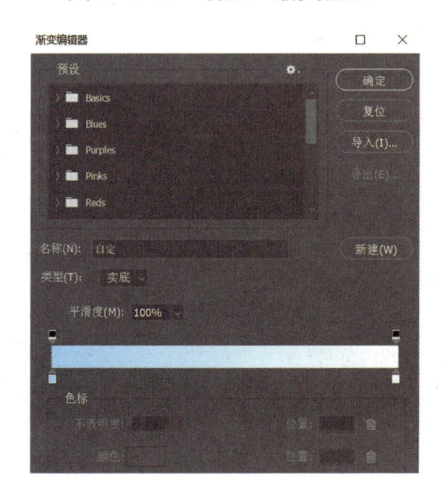

图 4-3-4　渐变颜色数值

学习笔记

151

4）调整主标题位置和大小，效果如图 4-3-5 所示。

图 4-3-5　主标题效果

5）选择"横排文字工具"，如图 4-3-6 所示，设置文字为宋体，大小为 30 点，如图 4-3-7 所示，文字内容为"星海追梦，航天璀璨"，如图 4-3-8 所示。

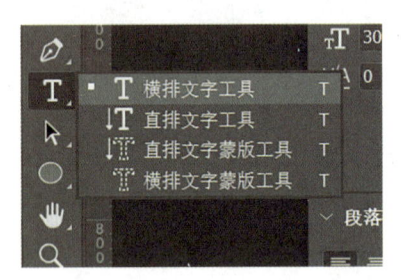

图 4-3-6　选择"横排文字工具"

图 4-3-7　文字工具参数设置

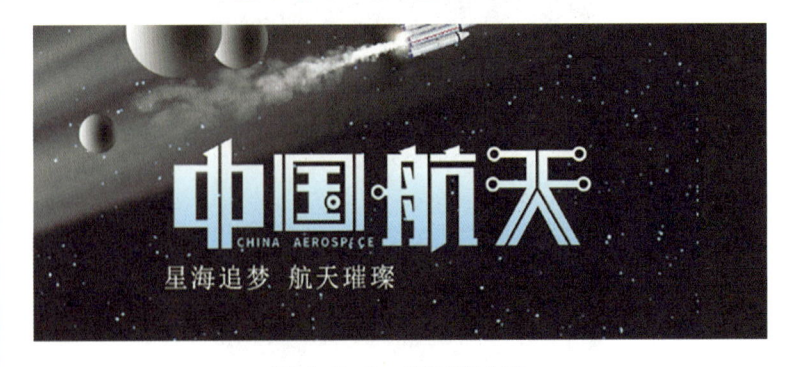

图 4-3-8　副标题文字

6）打开"属性"面板，设置字间距为1060，如图4-3-9所示。

图4-3-9　字间距设置

7）为副标题也添加渐变图层样式，如图4-3-10所示。

图4-3-10　副标题添加渐变图层样式

8）执行"文件"—"存储为"命令，保存文件为"中国航天海报文字排版设计.psd"，最终效果如图4-3-11所示。

图4-3-11　文字最终效果

知识储备

- 文本属性设置
- 图层样式使用

理论闯关

一、填空题

1. 在图层样式中，通过调整_____效果，可以使文本看起来更具立体感。
2. 若要在文本中应用渐变颜色，可以在图层样式中使用_____效果。

二、选择题

1. 在文本工具选项栏中，可以调整文本的哪些属性？（　　　）
   A. 饱和度和对比度
   B. 透明度和模糊度
   C. 字体、字号和字体颜色
   D. 画笔形状和笔刷硬度

2. 若要为文本添加阴影或发光等效果，应该在哪个面板中进行调整？（　　　）
   A. 色彩面板
   B. 字符面板
   C. 图层样式面板
   D. 图像调整面板

3. 如何在文本中添加下划线？（　　　）
   A. 在字符面板中选择下划线选项
   B. 使用画笔工具绘制下划线
   C. 在文本工具选项栏中设置下划线
   D. 下划线是不能添加到文本中的

项目评价

经过这段学习之旅，你会为自己的学习成果打几颗星呢？请用心完成自我评价，肯定自己的成就，也积极寻找并改善不足之处。

项目	内容		评价星级
	项目实训评价表		
	学习目标	评价目标	
职业能力	掌握文本的字体、字号、行间距等属性的设置方法	能够修改文本字体、字号、行间距等属性	☆☆☆☆☆
	掌握使用图层样式为文本添加渐变效果的方法	能够使用图层样式为文本添加渐变效果	☆☆☆☆☆
通用能力	分析问题的能力		☆☆☆☆☆
	解决问题的能力		☆☆☆☆☆
	自我提高的能力		☆☆☆☆☆
	自我创新的能力		☆☆☆☆☆
综合评价		☆☆☆☆☆	

4.4 海报整体效果设计

中国航天海报

任务目标

1. 掌握路径模糊工具的使用
2. 掌握色相/饱和度调整图层的方法

任务描述

通过运用路径模糊工具，掌握在Photoshop中选择性地模糊图像中的特定区域，增强焦点和创造艺术效果的方法。通过使用色相/饱和度调整图层，掌握在Photoshop中调整图像颜色和饱和度的方法。

任务导图

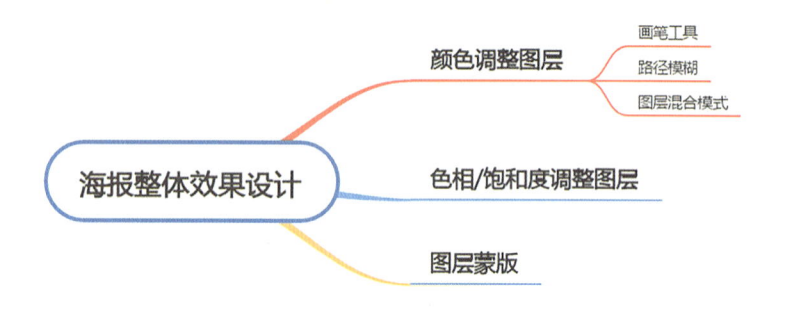

海报整体效果设计
- 颜色调整图层
  - 画笔工具
  - 路径模糊
  - 图层混合模式
- 色相/饱和度调整图层
- 图层蒙版

任务实践

1）打开"中国航天海报文字排版设计.psd"文件，如图 4-4-1 所示。

图 4-4-1 打开海报文件

2）在图层最上方新建一个空白图层，填充颜色为"#07124d"，效果如图 4-4-2 所示。

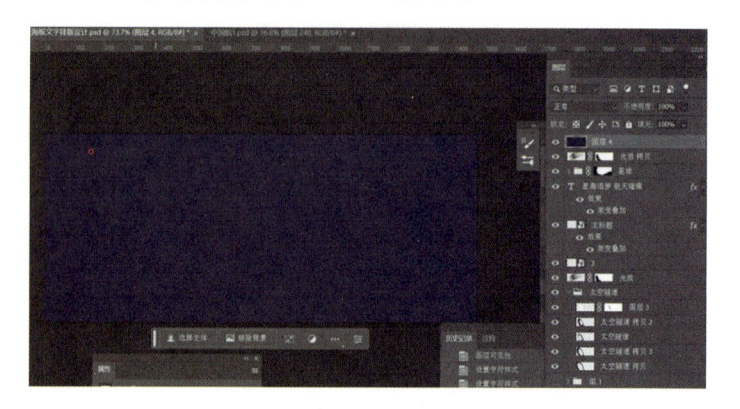

图 4-4-2 新建一个蓝色图层

3）选择"画笔工具"，设置颜色为"#3b7bbf""6a42a4"，随机画出一些点缀色，效果如图4-4-3所示。

图4-4-3 点缀色绘制

> **快捷键小贴士**
>
> | 画笔变大 | [|
> |---|---|
> | 画笔变小 |] |

4）执行"滤镜"—"模糊画廊"—"路径模糊"命令，设置"速度"为335%，"锥度"为5%，"终点速度"为185像素，如图4-4-4所示。

> **知识链接**
>
> 使用"路径模糊"效果，可以沿路径创建"运动模糊"，还可以控制形状和模糊量。
>
> - 速度：调整速度滑块，以指定要应用于图像的路径模糊量。"速度"设置将应用于图像中的所有路径模糊。
> - 锥度：调整滑块指定锥度值。较高的值会使模糊逐渐减弱。

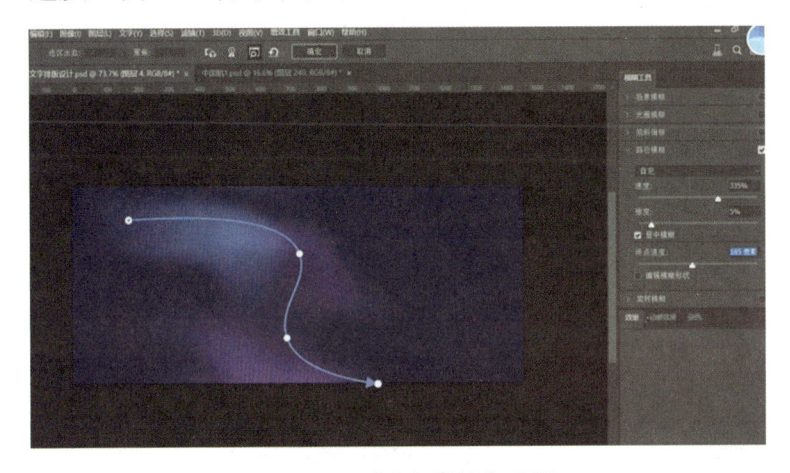

图4-4-4 "路径模糊"设置

5）设置"图层4"混合模式为滤色，如图4-4-5所示。

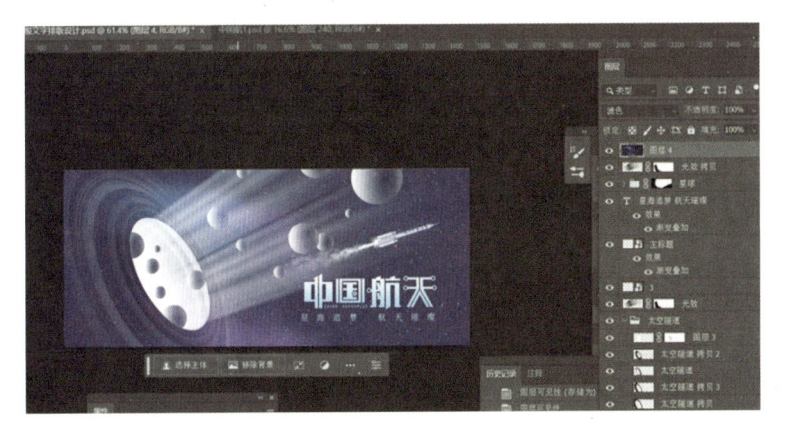

图4-4-5 更改混合模式

知识链接

使用色相/饱和度，可以调整图像中特定颜色范围的色相、饱和度和明度，或者同时调整图像中的所有颜色。

学习笔记

6）在"图层 4"上方创建"色相/饱和度"调整图层，如图 4-4-6 所示，设置"饱和度"为+20，如图 4-4-7 所示，效果如图 4-4-8 所示。

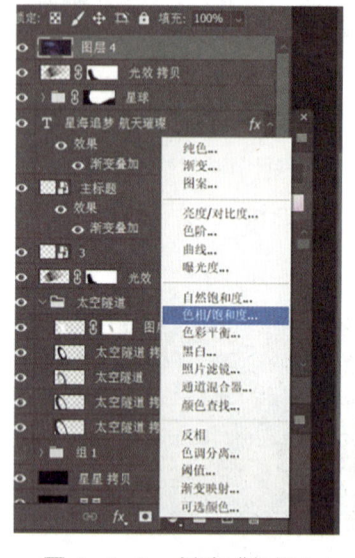

图 4-4-6　创建"色相/饱和度"调整图层

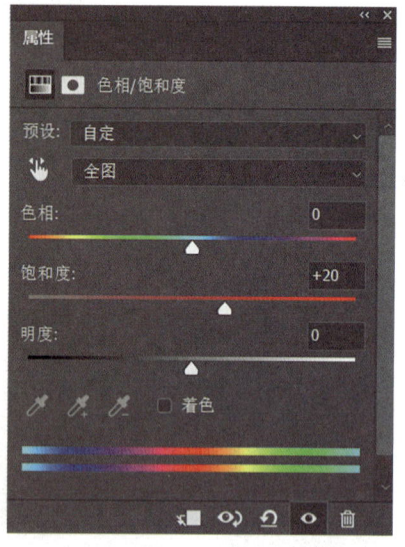

图 4-4-7　"色相/饱和度"具体参数设置

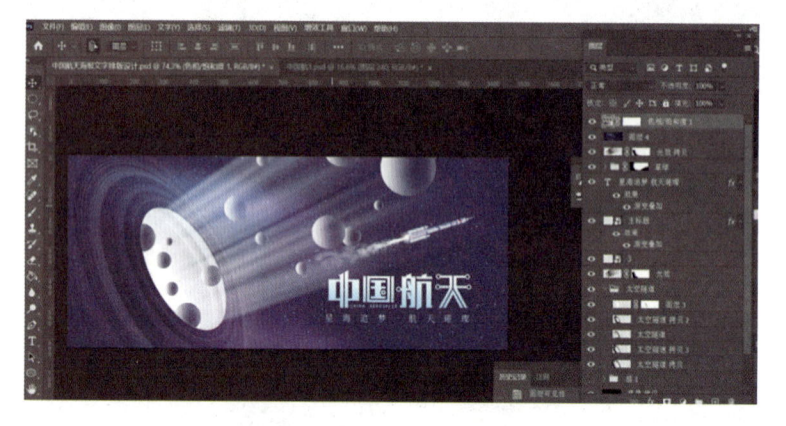

图 4-4-8　调整"色相/饱和度"后效果

7）移动"星星 拷贝"图层到"图层 4"下方，添加图层蒙版，擦除中间部分的星星，效果如图 4-4-9 所示。

图 4-4-9　上层星星效果

8）选中"星星"图层，添加图层蒙版，使用不透明度为 40% 的黑色画笔隐藏中间部分的星星，效果如图 4-4-10 所示。

图 4-4-10　下层星星效果

9）使用透明度为 40% 的白色柔边画笔增强太空隧道中间的发光效果，效果如图 4-4-11 所示。

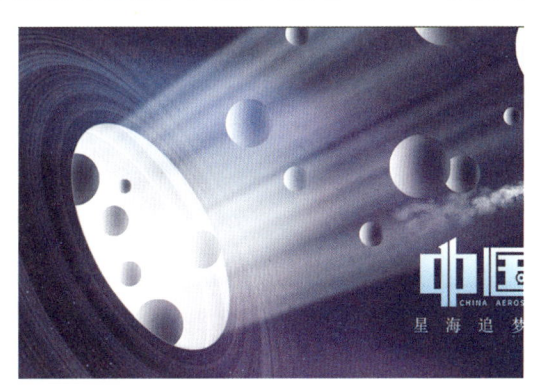

图 4-4-11　增强太空隧道中间的发光效果

10）执行"文件"—"存储为"命令，保存文件为"中国航天海报.psd"。执行"文件"—"导出为"命令，设置导出格式为JPG，导出"中国航天海报.jpg"文件，效果如图4-4-12所示。若想要增加海报的科技感，可以选用星云和机械等科技感更强的素材进行制作，效果如图4-4-13所示。

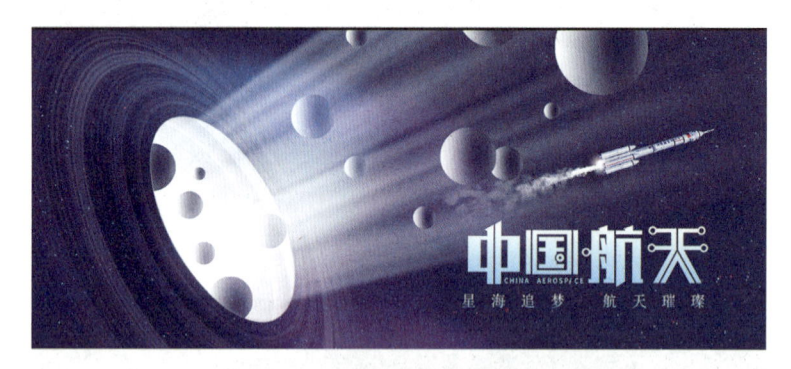

图4-4-12　海报完成效果图（1）

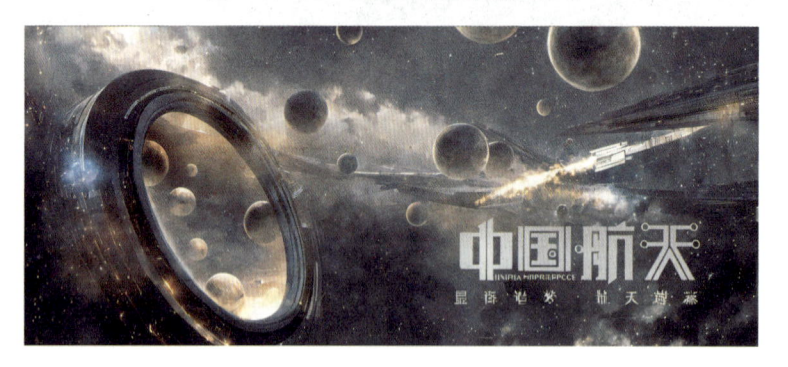

图4-4-13　海报完成效果图（2）

知识储备

- 路径模糊滤镜的使用
- 色相/饱和度

理论闯关

一、填空题

1. 使用路径模糊效果，可以沿路径创建运动模糊，还可以控制_____和_____。

二、选择题

1. 如何调整图像的整体亮度和对比度？（　　）
   A. 滤镜　　　　　　　　　　　　B. 图像—色调/饱和度
   C. 图像—调整—亮度/对比度　　　D. 图层样式

实践突破

请设计一张以"科技引领未来"为主题的海报，通过图像和文字表达中国科技发展的力量和未来发展的潜力。

要求：

1. 海报尺寸为A3（297mm × 420mm），横向或纵向均可。
2. 在海报中要突出科技和创新的特点。
3. 海报文字应简洁明了，字体设计要清晰易读。
4. 海报的整体风格和颜色搭配统一，彰显科技和未来的氛围。
5. 要具有吸引力，能够吸引观众的注意力，并能够有效地传达科技引领未来的信息。
6. 所有使用的素材（例如图像、图标、字体等）要遵守版权法和使用许可证规定，不得侵犯他人权益。

评估标准：

1. 设计创意和原创性：海报设计是否独特、创新，能否突出"科技引领未来"的主题。
2. 视觉效果和排版：海报的整体布局、颜色搭配、字体设计等是否美观和协调。

3. 信息传达和吸引力：海报是否能够有效地传达"科技引领未来"的信息，能否吸引观众。
4. 技术应用和素材运用：设计是否运用了合适的技术和工具，素材的选择是否恰当、版权是否合法。
5. 设计稿质量：设计稿的清晰度、细节处理和规范性如何。

提示：

1. 在设计海报时，可以考虑使用与科技相关的图像，如电子芯片、机器人等。
2. 可以使用具有现代感和未来感的色彩等。
3. 选择字体时，可以考虑使用具有现代感和科技感的字体。
4. 可以使用简洁明了的文字描述"科技引领未来"的概念，如"科技改变世界""创新无限可能"等。

项目评价

经过这段学习之旅，你会为自己的学习成果打几颗星呢？请用心完成自我评价，肯定自己的成就，也积极寻找并改善不足之处。

项目实训评价表

项目	内容		评价星级
	学习目标	评价目标	
职业能力	掌握路径模糊工具的使用	能够使用路径模糊工具为图像添加特殊模糊效果	☆☆☆☆☆
		能够使用色相/饱和度调整图层、调整海报颜色	☆☆☆☆☆
通用能力	分析问题的能力		☆☆☆☆☆
	解决问题的能力		☆☆☆☆☆
	自我提高的能力		☆☆☆☆☆
	自我创新的能力		☆☆☆☆☆
综合评价		☆☆☆☆☆	

PROJECT 5

项目五

"航天科技博物馆"
周边产品设计

图 形 图 像 处 理

导语

航天科技博物馆是一个充满神秘、值得探索的地方，它见证了人类对宇宙的无尽追求与突破。如今，为了更好地传播航天知识，博物馆推出了精美的周边产品。这些产品不仅具有实用性，更融入了丰富的航天元素，让人们在日常生活中感受科技的魅力。在本项目中，我们将通过设计周边产品来学习并掌握PS软件的使用技巧，从杯垫、书签到胶带，每一种产品都需要我们运用不同的设计思维和PS技巧来完成。让我们一起进入这个充满创意与科技感的世界，探寻设计的无限可能！

在这段旅程中，我们将学习如何使用PS中的形状工具、文字工具、画笔工具以及图层样式和滤镜功能。通过实际操作，我们将逐步掌握这些技巧，并将它们运用到设计中。首先，我们需要了解每种工具的基本功能和特点，以便在后续的设计中能够灵活运用。其次，我们将通过具体的实例来演示如何使用这些工具进行设计制作。这些实例将覆盖不同的设计领域，包括平面设计、三维效果等。通过观察和实践，我们将逐渐掌握PS的使用技巧，并激发自己的创意灵感。

在这个过程中，我们还将探讨如何将航天元素与日常生活用品相结合，创造出别具一格的设计。我们可以运用PS中的图形合成功能，将航天元素与杯垫、书签、胶带等物品完美融合。此外，我们还可以利用PS中的调色板和滤镜功能，为设计添加特殊的视觉效果，使其更具吸引力。

最后，我们将总结这次旅程中学到的知识和技能，并思考如何将这些技巧运用到未来的设计工作中。通过本项目的学习，我们不仅能够掌握PS的使用技巧，还能拓宽自己的设计思路，激发自己更多的创意灵感。现在，让我们一起踏上这段充满挑战与乐趣的旅程吧！

项目描述

本项目探索为"航天科技博物馆"量身定制精美周边,利用PS的神奇功能,打造独一无二的杯垫、书签、胶带等系列产品。杯垫上的图像合成以及独特的路径设计展现了博物馆经典科技产品,并用色彩平衡与滤镜调整赋予其独特的未来感。书签融入PS的滤镜、描边与图层样式,让每一张都如艺术品般引人注目。胶带的设计灵感源自博物馆建筑,利用PS的变换工具让线条和形状既流畅又富有创意。这些周边产品不仅是日常生活用品,更是科技与设计的完美融合,传递博物馆的魅力,让人们随时感受科技的魅力,这一切尽在我们的精心设计之中!

项目要点

- 杯垫周边效果图设计
- 书签周边效果图设计
- 胶带周边效果图设计

项目分析

通过对杯垫独特图案的设计,掌握钢笔工具、路径选择工具的使用,并能通过加深/减淡工具、模糊/锐化工具对图案进行调整;通过对书签独特图案的设计,掌握自定形状工具、滤镜及通道命令;通过对胶带独特图案的设计,掌握对上述命令的综合使用。

5.1 杯垫周边效果图设计

杯垫周边效果图设计

任务目标

1. 掌握钢笔工具的使用
2. 掌握路径选择工具、直接选择工具的使用
3. 掌握减淡/加深工具组、模糊/锐化工具组的使用
4. 掌握滤镜的使用

图形图像处理

思政小贴士

中国航天事业起步于20世纪50年代。1956年，中国成立了航空工业委员会，标志着中国航天事业的开始。中国航天事业经历了艰苦的探索和试验阶段，最初的重点是发展导弹武器和人造卫星。随着时间的推移，中国航天事业逐渐发展壮大，成为世界上为数不多的能够独立研制和发射卫星的国家之一。中国航天事业的发展得益于国家的支持和科技人员的努力，同时也为中国经济的快速发展和国防现代化建设作出了重要贡献。如今，中国航天事业已经取得了举世瞩目的成就，不仅成功发射了多颗卫星和载人飞船，还建成了自己的空间站，为未来的探索和科学研究奠定了坚实的基础。

任务描述

通过对杯垫周边产品的设计，掌握PS常用工具的使用，为后面项目中的综合设计奠定基础。

任务导图

杯垫周边效果图设计 —— 实例操作："航天科技博物馆"杯垫周边效果图设计

学习新知

任务要求：设计一张"航天科技博物馆"杯垫周边产品的效果图，整体风格是科技与艺术相结合，以深空蓝、金属银和白色为主色调，呈现宇宙的神秘感。设计核心为星空、卫星、火箭、星球等航天元素，注重细节处理，运用PS软件制作出唯美的效果图；鼓励设计者发挥个人创意，为杯垫增添独特魅力。

1）双击打开Photoshop，执行"文件"—"新建文档"命令，在弹出的"新建文档"对话框中，修改文件名称为"周边产品之杯垫"，设置"宽度"为600像素，"高度"为600像素，"分辨率"为72像素/英寸，"颜色模式"为RGB颜色，"背景内容"为透明，如图5-1-1所示。

图 5-1-1　新建文件

166

2）在"图层"面板中双击"图层1"，修改名称为"黄色外圆"，如图5-1-2所示。

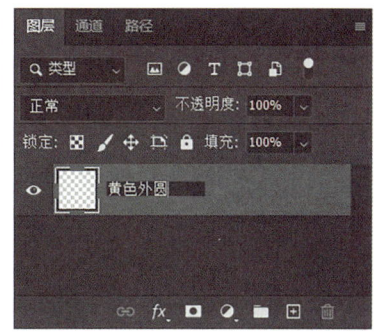

图5-1-2 修改图层名称

3）选中"椭圆选框工具"，在属性栏中设置"样式"为固定大小，"宽度"为300像素，"高度"为300像素，如图5-1-3所示。

图5-1-3 修改属性

4）在工作区绘制出一个正圆，按【Shift+F5】键，在弹出的"填充"对话框中将"内容"修改为颜色，在弹出的"拾色器（填充颜色）"对话框中设置RGB颜色为（255，255，0），点击"确定"按钮，如图5-1-4所示。

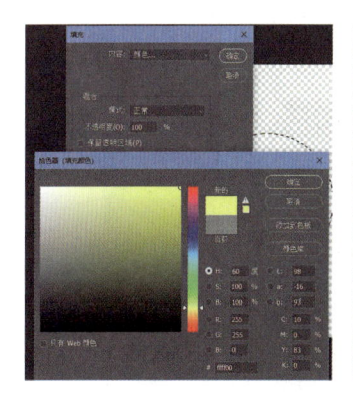

图5-1-4 绘制正圆

知识链接

PS 的"混合选项"是一个强大的工具，它允许用户在两个图层之间创建各种混合效果。通过调整混合模式，用户可以控制不同图层的颜色融合、亮度、对比度等属性，从而创造出丰富的视觉效果。常用的混合模式包括正常、溶解、正片叠底、滤色等。此外，混合选项还包括混合颜色带，该功能可以用来控制哪些颜色在混合时可见或不可见，从而创造出隐藏图层内容的效果。掌握 PS 的"混合选项"功能可以帮助用户更灵活地处理图像，实现更丰富的视觉效果。

知识链接

PS 的"图层样式"是一个强大的工具，它提供了各种效果，可以在图层上添加阴影、发光、浮雕等效果，从而增加图像的层次感和立体感。通过"图层样式"，用户可以轻松地创建各种逼真的特效，为设计作品增添质感。图层样式具有极高的可编辑性，可以随时修改参数，达到不同的效果。常用的图层样式包括投影、内发光、斜面、浮雕等。这些效果可以在设计时根据需要进行调整，使作品更加完美。掌握 PS 的"图层样式"功能可以帮助用户更轻松地处理图像，实现更逼真的特效，提升设计作品的品质。

5）按【Ctrl+D】键取消选区后，选中"黄色外圆"图层，将鼠标放至此图层处，点击右键，选择"混合选项"，如图 5-1-5 所示。

6）在弹出的"图层样式"对话框中，勾选"描边"，设置"大小"为 7 像素，"位置"为外部，"颜色"为（20，122，237），如图 5-1-6 所示。

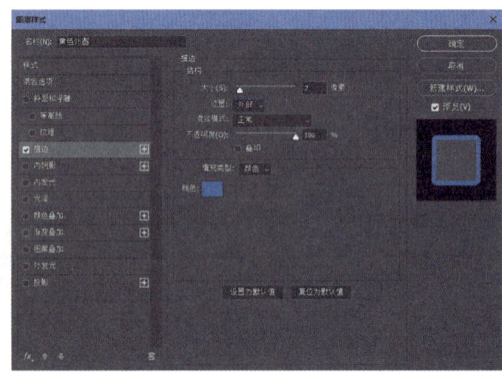

图 5-1-5 选择"混合选项"　　图 5-1-6 设置"描边"图层样式

7）点击前景色，在"拾色器（前景色）"对话框中修改 RGB 颜色为（255，255，255），如图 5-1-7 所示。

图 5-1-7 设置前景色

8）将鼠标放至"黄色外圆"图层的缩略图处，按住【Ctrl】键，鼠标左键单击缩略图，实现对"黄色外圆"选区的拾取，如图5-1-8所示。

9）新建图层，并修改名称为"白色圆"，按【Alt+Delete】键填充前景色，并按【Ctrl+D】键取消选区，如图5-1-9所示。

图 5-1-8　选择"黄色外圆"选区

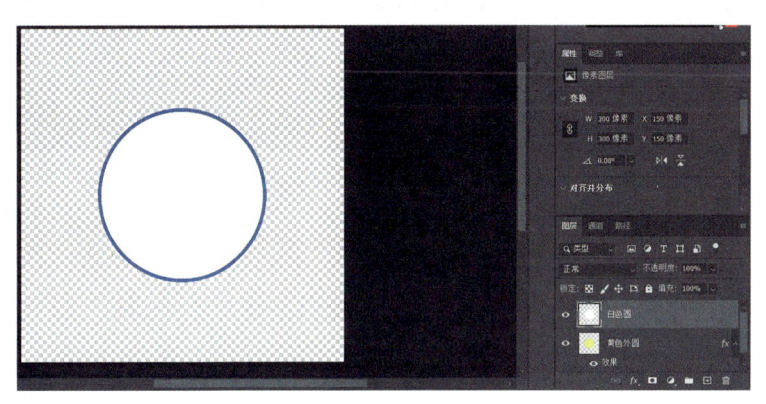

图 5-1-9　白色圆

10）选中"白色圆"图层，按【Ctrl+T】键出现可拖动实线，按住【Shift+Alt】键，鼠标放至右上角，出现两端箭头形状时向圆中心拖动，按回车键确定，效果如图5-1-10所示。

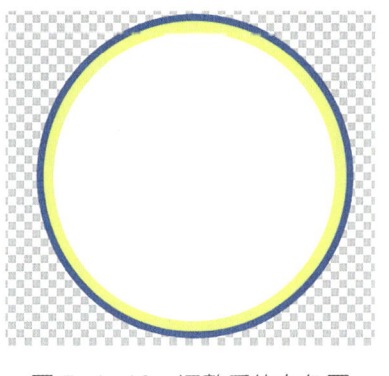

图 5-1-10　调整后的白色圆

11）选中"白色圆"图层，在图层上点击鼠标右键，选择"混合选项"，在弹出的"图层样式"对话框中勾选"内阴影"。点击"混合模式"后面的颜色条，设置RGB颜色为（0，36，190），"角度"为-90°，"阻

问题摘录

塞"为20%,"大小"为15像素,如图5-1-11所示。设置后的效果如图5-1-12所示。

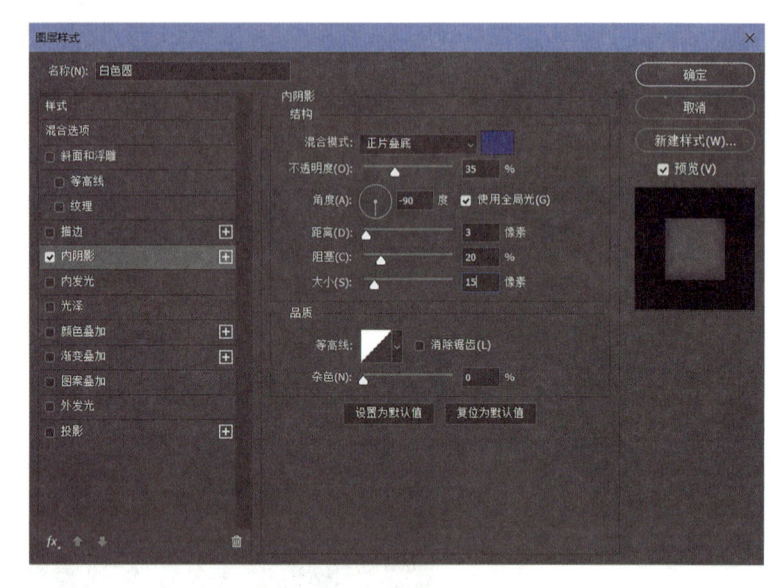

图5-1-11 设置"内阴影"

12)将鼠标放至"白色圆"图层的缩略图处,按住【Ctrl】键,鼠标左键单击缩略图,实现对"白色圆"选区的拾取,如图5-1-13所示。

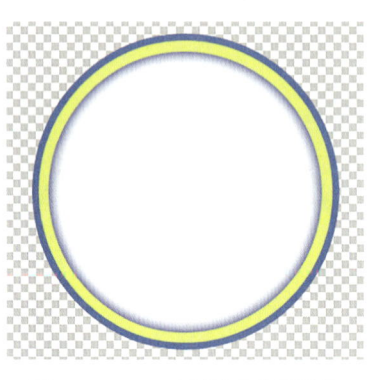

图5-1-12 设置"内阴影"后的白色圆　　图5-1-13 选择白色圆选区

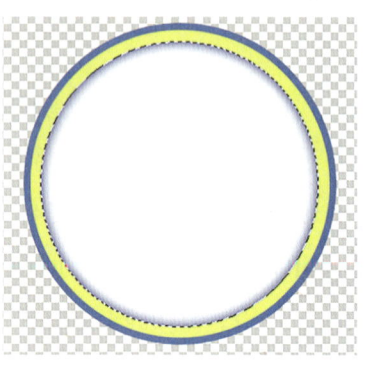

13)点击背景色,修改背景色颜色为(10,80,210)。新建图层,并修改名称为"蓝色圆",按【Ctrl+Delete】键填充背景色,按【Ctrl+D】键取消选区,如图5-1-14所示。

学习思考

请回忆之前学习的填充前景色的快捷方式。

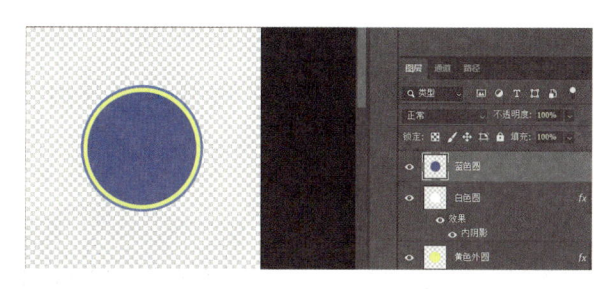

图 5-1-14 蓝色圆

14）选中"蓝色圆"图层，按【Ctrl+T】键出现可拖动实线，按住【Shift+Alt】键，鼠标放至右上角，出现两端箭头形状时向圆心拖动，按回车键确定，效果如图 5-1-15 所示。

图 5-1-15 调整后的蓝色圆

15）选中"蓝色圆"图层，在图层上点击鼠标右键，选择"混合选项"，在弹出的"图层样式"对话框中勾选"外发光"。点击"杂色"下面的颜色框，设置RGB颜色为（10，80，210），"结构"中的混合模式为正常，"不透明度"为100%，"杂色"为100%，"图素"中的"扩展"为45%，"大小"为35像素，"品质"中的"范围"为35%，如图 5-1-16 所示。设置后的效果如图 5-1-17 所示。

图 5-1-16 设置"外发光"

16）打开"星空"素材，将其移动至"周边产品之杯垫"画布中，按【Ctrl+T】键开启"自由变换"，调整星空素材图片，如图 5-1-18 所示。

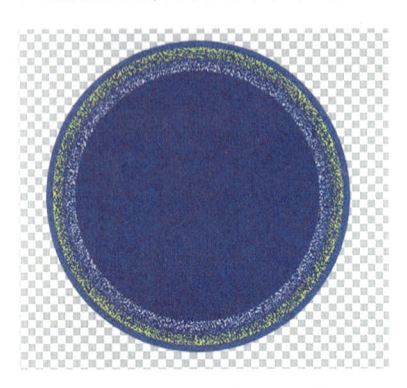

图 5-1-17 设置"外发光"后的蓝色圆

图 5-1-18 调整星空图片

17）选中星空素材图层，双击名称，修改图层名字为"星空"。按住【Alt】键，将鼠标放至"星空"图层和"蓝色圆"图层之间，出现向下的黑色箭头时单击鼠标左键，创建剪贴蒙版图层，如图 5-1-19 所示。

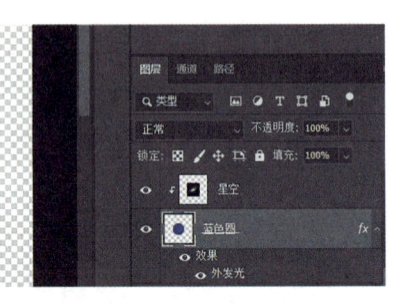

图 5-1-19 "星空"剪贴蒙版图

18）打开"星球"素材，对素材进行抠图。双击图层后的锁形状对图层进行解锁。选择"魔棒工具"，在黑色区域单击，出现选区后按【Ctrl+Shift+I】键反选，按【Shift+F6】键对选区进行"羽化"，"羽化"像素为5。再次按【Ctrl+Shift+I】键反选，按【Delete】键删除，按【Ctrl+D】键取消选区。效果如图 5-1-20 所示。

19）使用移动工具将"星球"素材移动至"周边产品之杯垫"画布中，按【Ctrl+T】键开启"自由变换"，调整星球素材图片，如图5-1-21所示。

图5-1-20 "星球"素材抠图效果

图5-1-21 调整星球素材图片

20）选中星球素材图层，双击名称，修改图层名字为"星球"，修改"正常"混合模式为"滤色"，并为"星球"图层设置剪贴蒙版，如图5-1-22所示。

图5-1-22 调整"星球"图层

21）打开"卫星"素材，对素材进行抠图。双击图层后的锁形状对图层进行解锁。选择"快速选择工具"，选中除卫星外的区域，按【Delete】键删除，按【Ctrl+D】键取消选区。效果如图5-1-23所示。

22）使用移动工具将"卫星"素材移动至"周边产品之杯垫"画布中，按【Ctrl+T】键开启"自由变换"，调整卫星素材图片，如图5-1-24所示。

问题摘录

学习思考

结合之前学习的内容，在对星球素材抠图的操作过程中还可以使用哪些工具？

图 5-1-23 "卫星"素材抠图效果　　图 5-1-24 调整卫星素材图片

23）使用"减淡工具"在卫星上涂抹，并将卫星图层名称修改为"卫星"，如图 5-1-25 所示。

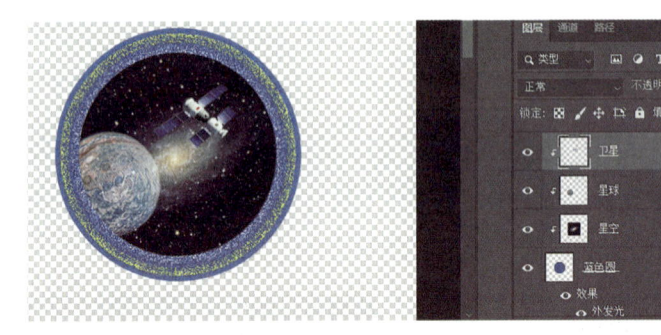

图 5-1-25 调整"卫星"图层

24）新建图层，命名为"形状"。选择"钢笔工具"，在图案左侧单击鼠标左键，再在对应的图案右侧单击坐标左键，形成一条直线路径，如图 5-1-26 所示。

图 5-1-26 创建直线路径

25）选择"转换点工具"，在右侧锚点上长按鼠标左键并拖动，调出方向线，如图 5-1-27 所示。使用

"转换点工具"选中方向线的小圆点，用鼠标左键拖动，调整路径形状，如图 5-1-28 所示。

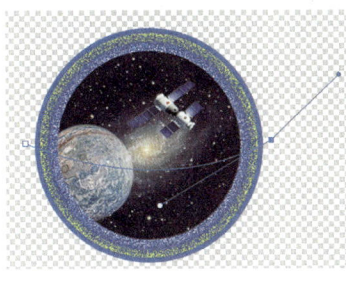

图 5-1-27 "转换点工具"调出方向线

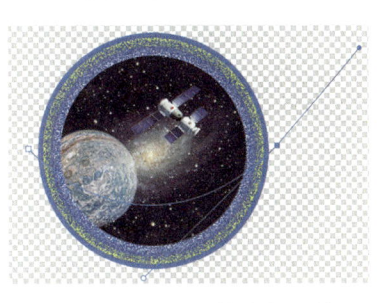

图 5-1-28 调整路径形状

26）将"转换点工具"放在右侧锚点处，按住【Alt】键，点击鼠标左键，去除锚点右侧的方向线，如图 5-1-29 所示。

27）选择"钢笔工具"，完成闭合路径形状的绘制，如图 5-1-30 所示。按【Ctrl+Enter】键将路径转化为选区，并填充蓝色（46，95，252），按【Ctrl+D】组合键取消选区，如图 5-1-31 所示。

图 5-1-29 去除方向线

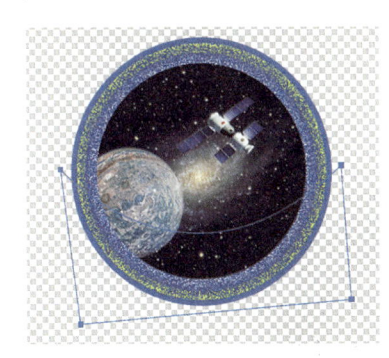

图 5-1-30 绘制闭合路径形状

图 5-1-31 路径转化为选区

28）选中"形状"图层，按【Ctrl+Alt+G】键对"形状"图层设置剪贴蒙版，如图 5-1-32 所示。按

【Ctrl+T】键，对形状进行适当调整。

图 5-1-32 对"形状"图层设置剪贴蒙版

29）选中"形状"图层，点击鼠标右键，选择"图层样式"，在弹出的对话框中勾选"描边"，调整"大小"为 2 像素，"颜色"为白色，如图 5-1-33 所示。

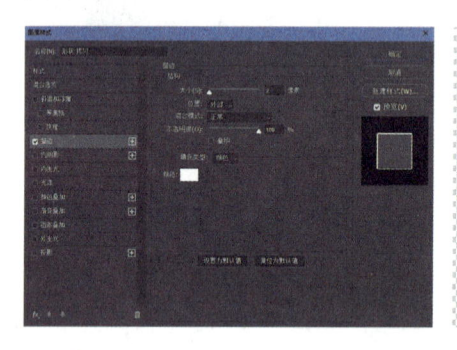

图 5-1-33 设置"描边"

30）选中前景色，修改为白色。选择"横排文字工具"创建文字，文字内容为"中国航天"，如图 5-1-34 所示。

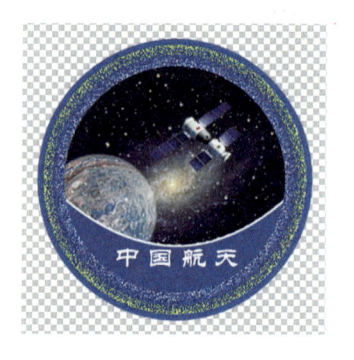

图 5-1-34 创建文字

31）设置文字属性。设置"字体"为华为隶书，字体"大小"为30点。选择"创建文字变形"工具，"样式"选择"扇形"，"弯曲"为-40%，如图5-1-35所示。

图 5-1-35　变形文字

32）选中文字图层，点击右键选择"图层样式"，勾选"投影"，"距离"设置为5像素，如图5-1-36所示。勾选"光泽"，修改颜色为白色，如图5-1-37所示。勾选"斜面和浮雕"，修改"样式"为"浮雕效果"，"深度"为50%，"大小"为2像素，如图5-1-38所示。设置好的文字最终效果如图5-1-39所示。

图 5-1-36　设置"投影"

图形图像 处理

📝 学习笔记

📝 学习笔记

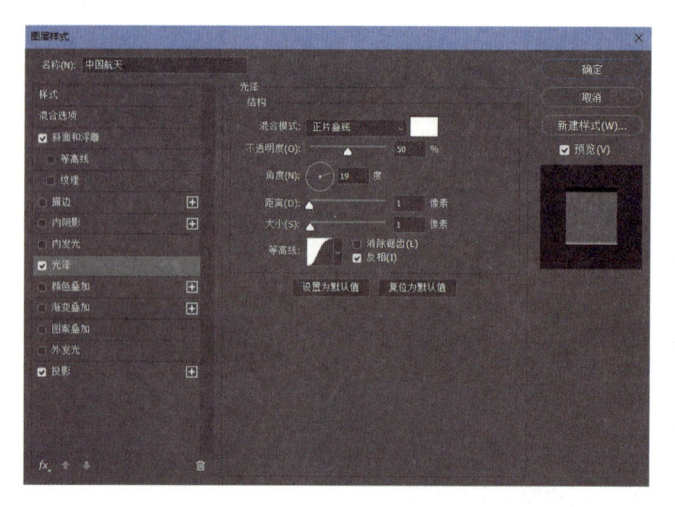

图 5-1-37　设置"光泽"

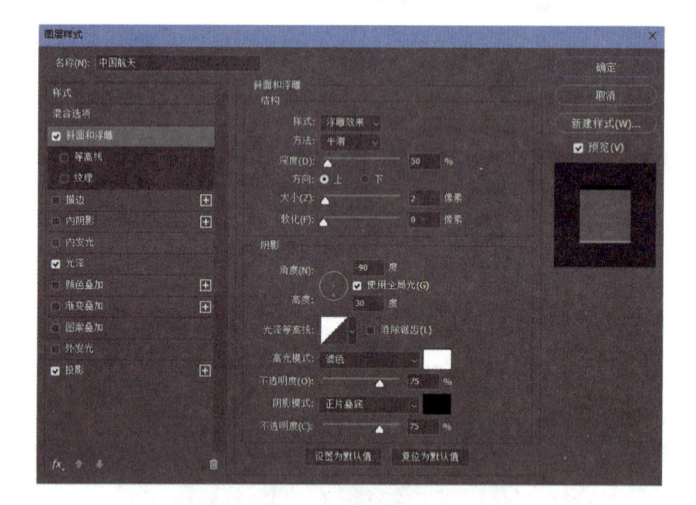

图 5-1-38　设置"斜面和浮雕"

图 5-1-39　文字最终效果

知识储备

- 钢笔工具的使用
- 路径选择工具、直接选择工具的使用
- 减淡/加深工具组、模糊/锐化工具组的使用
- 滤镜的使用

理论闯关

一、快捷键填空题

操作	快捷键	操作	快捷键
填充前景色		取消选区	
填充背景色		剪贴蒙版	
填充颜色		羽化	
自由变换		反选	

二、选择题

1. 在Photoshop中，如果要创建新的图层，应该使用哪个快捷键？（　　）
   A. Ctrl+N　　　B. Ctrl+Shift+N　　　C. Ctrl+C　　　D. Ctrl+X

2. 在Photoshop中，如果要进行图像的裁剪，应该使用哪种工具？（　　）
   A. 裁剪工具　　　B. 移动工具　　　C. 选择工具　　　D. 画笔工具

3. 下列关于Photoshop文字工具的描述哪些是正确的？（　　）（多选）
   A. 文字工具只能输入文字，不能编辑文字
   B. 文字工具可以调整文字的大小和颜色
   C. 文字工具可以调整文字的行距和字距
   D. 文字工具可以改变文字的字体和文字方向

4. 在Photoshop中，如果要缩放图像，可以使用以下哪个快捷键？（　　）
   A. Ctrl+滚轮　　　　　　　B. Ctrl+鼠标左键
   C. Ctrl+鼠标右键　　　　　D. Ctrl+空格键

5. 在Photoshop中，如果要取消选区，可以使用以下哪个快捷键？（　　）
   A. Ctrl+D　　　B. Ctrl+Shift+D　　　C. Ctrl+Shift+U　　　D. Ctrl+U

实践突破

设计一款以"嫦娥奔月"为主题的航天科技元素杯垫。

要求：

1. 设计风格：以中国传统文化为基调，结合现代简约风格，展现出嫦娥奔月的神秘与优雅。
2. 主题元素：以"嫦娥奔月"为灵感，可采用嫦娥、月亮、玉兔等元素进行设计，同时结合航天科技元素，如火箭、卫星、空间站等。
3. 色彩搭配：以中国传统颜色为主，同时可以适当运用现代流行色彩，使设计更具时尚感。
4. 尺寸与形状：杯垫尺寸适中，适应不同大小的杯子。形状可根据设计主题进行创意设计，可以是圆形、椭圆形或者其他不规则形状。
5. 创意性：鼓励设计师发挥创意，突破传统的设计思维，将"嫦娥奔月"的故事与现代科技元素完美融合。

项目评价

经过这段学习之旅，你会为自己的学习成果打几颗星呢？请用心完成自我评价，肯定自己的成就，也积极寻找并改善不足之处。

<table>
<tr><th colspan="4">项目实训评价表</th></tr>
<tr><th rowspan="2">项目</th><th colspan="2">内容</th><th rowspan="2">评价星级</th></tr>
<tr><th>学习目标</th><th>评价目标</th></tr>
<tr><td rowspan="2">职业能力</td><td rowspan="2">掌握Photoshop软件的基本操作和基本工具</td><td>能够用Photoshop软件对图形进行基本的抠图操作</td><td>☆☆☆☆☆</td></tr>
<tr><td>能够在不同场景下灵活使用Photoshop软件工具</td><td>☆☆☆☆☆</td></tr>
<tr><td rowspan="4">通用能力</td><td colspan="2">分析问题的能力</td><td>☆☆☆☆☆</td></tr>
<tr><td colspan="2">解决问题的能力</td><td>☆☆☆☆☆</td></tr>
<tr><td colspan="2">自我提高的能力</td><td>☆☆☆☆☆</td></tr>
<tr><td colspan="2">自我创新的能力</td><td>☆☆☆☆☆</td></tr>
<tr><td>综合评价</td><td colspan="3">☆☆☆☆☆</td></tr>
</table>

5.2 书签周边效果图设计

任务目标

1. 掌握自定形状工具的使用
2. 掌握滤镜工具的使用
3. 掌握通道抠图的方法

任务描述

通过对书签周边产品的设计，掌握PS常用工具的使用，为后面项目中的综合设计奠定基础。

任务导图

书签周边效果图设计 —— 实例操作："航天科技博物馆"书签周边效果图设计

学习新知

任务要求：

设计书签周边产品效果图，要遵循简约设计风格，确保效果图清晰、简洁。主题要突出航天科技元素，巧妙融入书签的形状和功能特点，展示科技与文化的结合。运用对比鲜明的色彩，增强视觉冲击力。效果图要细致入微，充分展示书签的材质、工艺和质感，突出科技感。标注书签的实际尺寸，以便客户了解产品大小。同时，展示书签在实际使用中的场景，如放置在书籍中的效果。最终提交高质量的设计稿，分辨率适中，便于打印或在线查看。效果图如图所示。

1）双击打开Photoshop，执行"文件"—"新建"命令，在弹出的"新建文档"对话框中，修改名称为"周边产品之书签"，设置"宽度"为300像素，"高度"为900像素，"分辨率"为72像素/英寸，"颜色模式"为RGB颜色，"背景内容"为透明，如图5-2-1所示。

学习笔记

知识链接

航天书签周边产品是一种将航天科技与文化创意相结合的独特设计。这些书签以航天元素为灵感，通过精美的外观和实用的功能，为书籍爱好者提供了一种全新的阅读体验。航天书签周边产品不仅可以用来标记阅读位置，还可以作为装饰品点缀在书籍中，增添一份科技与文化的气息。此外，这些书签通常采用高品质的材料制作而成，具有很好的耐用性和实用性。无论是在家中、办公室还是学校，航天书签周边产品都是一种时尚、实用的选择。通过这些创意十足的设计，我们可以更好地了解航天科技的发展和探索，激发对未来科技的无限想象和探索精神。

图 5-2-1　新建文件

2）在"图层"面板中双击"图层 1"，修改名称为"白色背景"，按【Shift+F5】键，为"白色背景"图层填充白色，如图 5-2-2 所示。

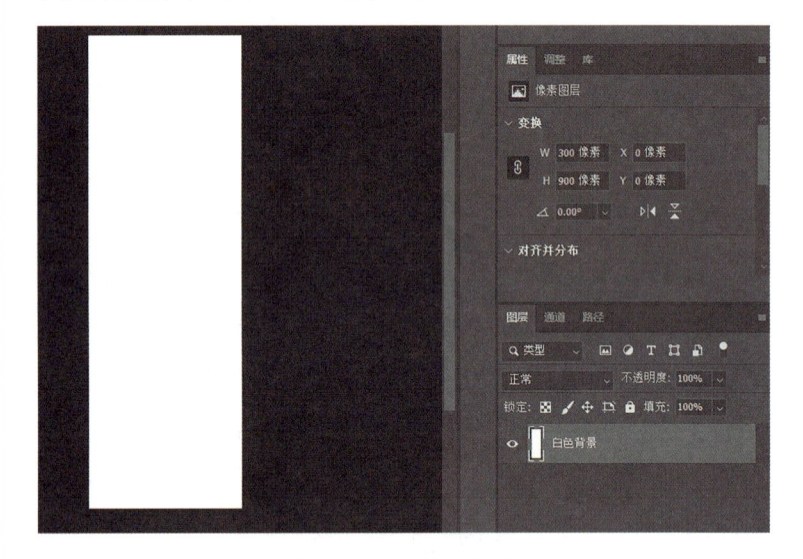

图 5-2-2　填充白色

3）执行"文件"—"置入"命令，将"星球 2"素材置入画布中，并调整素材大小，适当旋转，如图 5-2-3 所示。

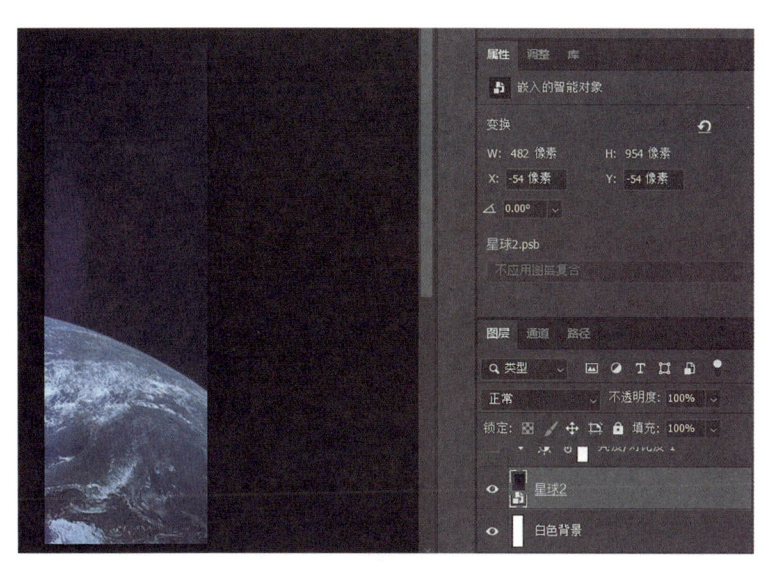

图 5-2-3　置入素材并调整

4）选中"星球2"图层，点击鼠标右键，执行"栅格化图层"命令，如图 5-2-4 所示。

5）选中"星球2"图层，通过"图层"面板为"星球2"图层添加一个"亮度/对比度1"调整图层，在弹出的对话框中设置"亮度"为–35，"对比度"为75，如图 5-2-5 所示。最后按【Ctrl+Alt+G】键设置剪贴蒙版。

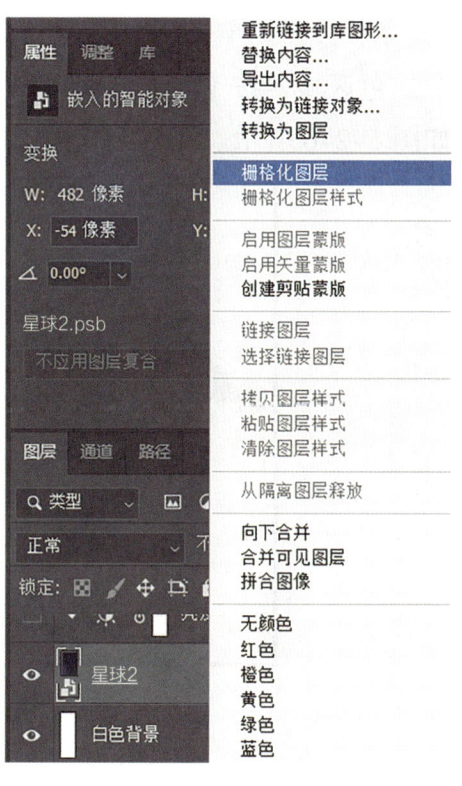

图 5-2-4　栅格化图层

学习思考

请根据之前所学内容，思考可以使用哪些工具完成书签的设计。

学习笔记

知识链接

PS的"栅格化图层"是将矢量图层或智能对象图层转换为像素图层的过程。在栅格化过程中，图层中的形状和线条会被渲染为像素，从而失去原有的矢量特性。栅格化后的图层可以像普通像素图层一样进行编辑和操作，但无法再恢复到原始的矢量状态。

这个过程通常在需要将设计稿转换为最终输出格式时使用，例如打印或网络发布。栅格化后的图像可以更好地适应不同的设备和屏幕分辨率，提供更清晰、更逼真的视觉效果。

需要注意的是，栅格化操作是不可逆的，因此在执行前务必确认是否需要保留原始矢量信息。

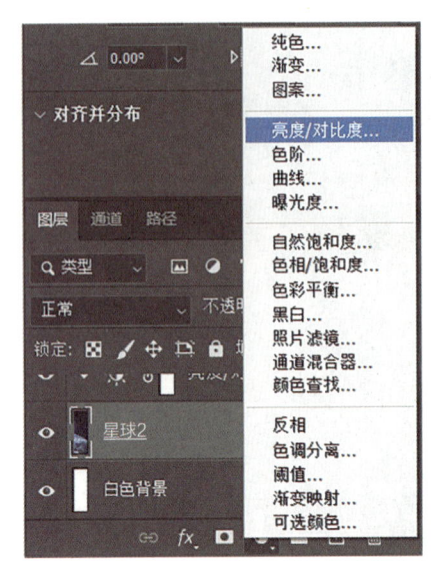

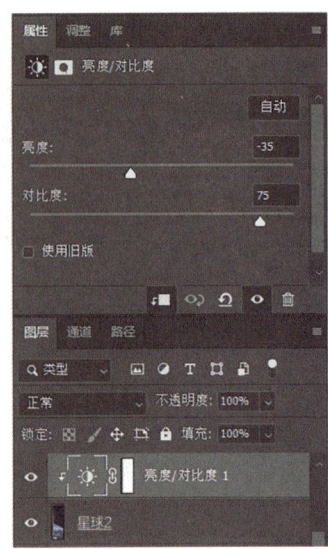

图 5-2-5　添加调整图层

6）打开"宇航员 1"素材，使用"魔棒工具"选中白色区域，按【Ctrl+Shift+I】键反选，选中宇航员，如图 5-2-6 所示。

图 5-2-6　选中宇航员

7）使用"移动工具"将宇航员移动至"周边产品之书签"画布中，修改图层名称为"宇航员"，按【Ctrl+T】键调整素材大小，如图 5-2-7 所示。

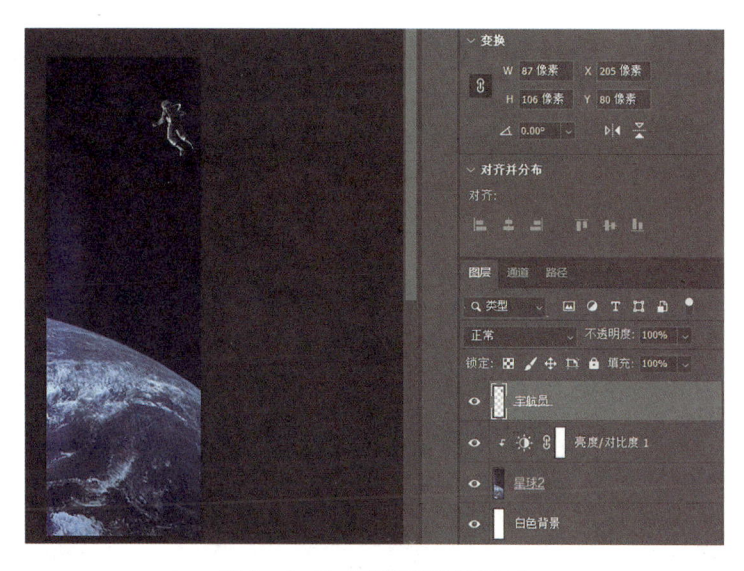

图 5-2-7　调整宇航员素材

8）为"宇航员"图层添加一个"亮度/对比度2"调整图层，设置"亮度"为50，"对比度"为10，如图 5-2-8 所示。

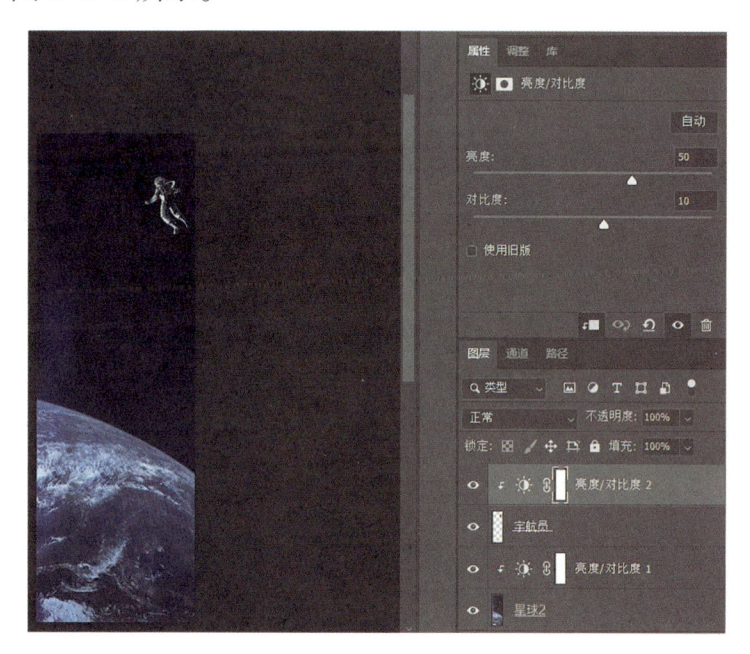

图 5-2-8　设置调整图层

9）打开"火箭"素材，双击图层锁为图层解锁。点击"通道"，在通道中选择一个对比度比较高的图层进行复制。经观察，红色通道对比度最高，因此选

学习笔记

学习思考

除了"色阶"命令，还可以使用哪些命令调整对比度？

中红色通道，点击右键进行复制，同时隐藏其他通道，只选中"红 拷贝"通道，如图 5-2-9 所示。

图 5-2-9　选择通道

10）执行"图像"—"调整"—"色阶"命令，如图 5-2-10 所示，在"色阶"对话框中设置数值分别为 50、1、255，点击"确定"按钮，如图 5-2-11 所示。

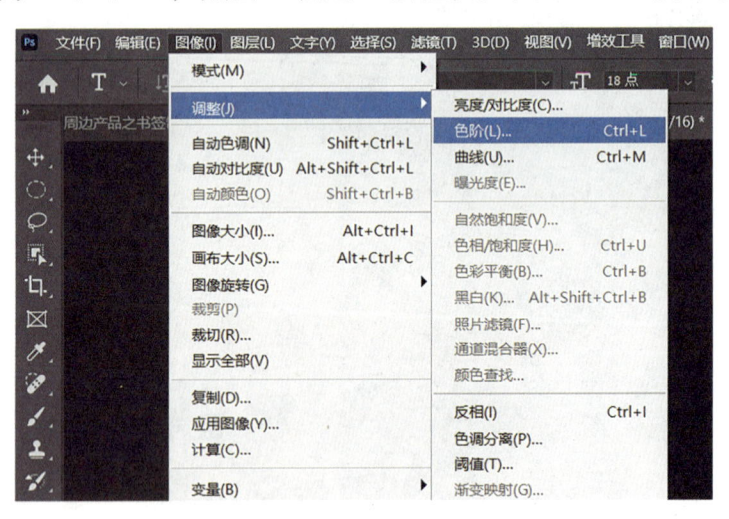

图 5-2-10　执行"色阶"命令

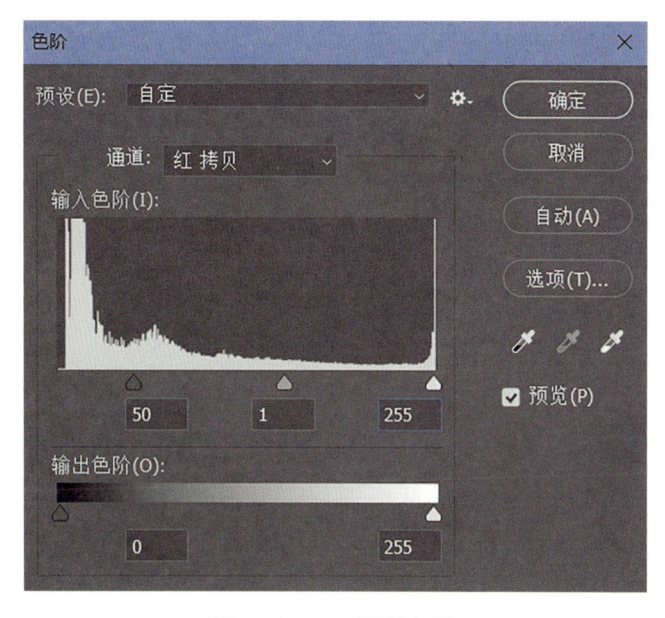

图 5-2-11 调整色阶

11）选择"减淡工具"，如图 5-2-12 所示，在火箭主体部分进行涂抹，使火箭主体部分变亮，如图 5-2-13 所示。

图 5-2-12 减淡工具　　图 5-2-13 减淡后的火箭

12）再次执行"图像"—"调整"—"色阶"命令，在"色阶"对话框中设置数值分别为 60、1、255，点击"确定"按钮，如图 5-2-14 所示。

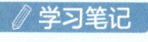

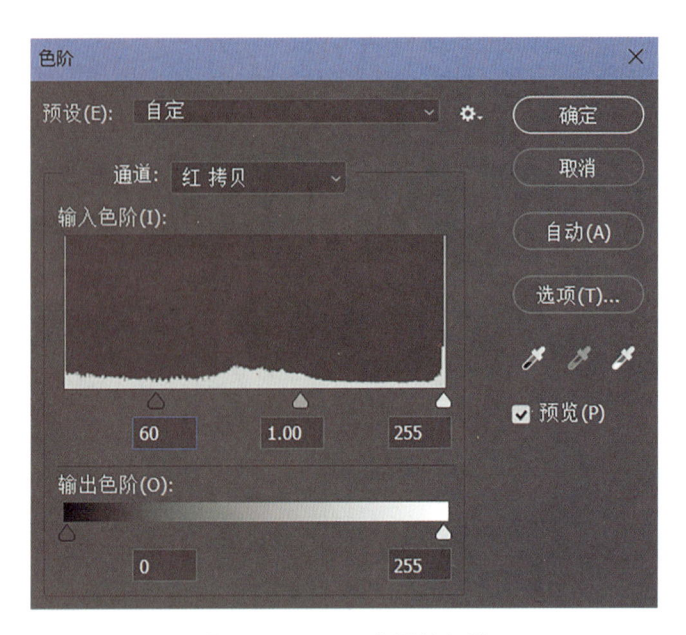

图 5-2-14 再次调整色阶

13）再次选择"减淡工具"，在火箭主体部分进行涂抹，使火箭主体部分变亮，如图 5-2-15 所示。

14）重复步骤 12）和步骤 13），直至除了火箭和火焰外其他区域全部变黑，如图 5-2-16 所示。

图 5-2-15　再次减淡后的火箭 　　图 5-2-16　多次调整后的火箭

15）使用"快速选择工具"选中黑色区域，按【Ctrl+Shift+I】键进行反选，按【Shift+F6】键对选中的火箭进行"羽化"，"羽化"像素为5，如图5-2-17所示。

📝 学习笔记

❓ 学习思考

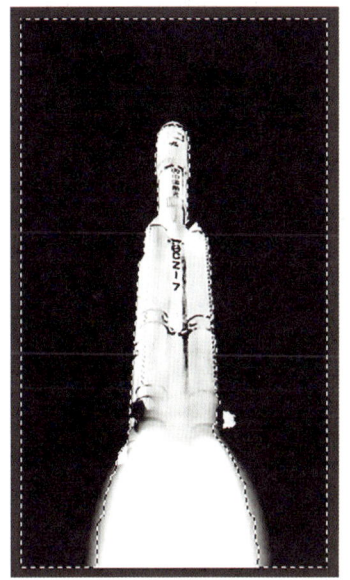

通道抠图还可以用在哪些领域？

图5-2-17 选中火箭区域进行"羽化"

16）在"通道"面板中，隐藏"红 拷贝"通道，显示"RGB"通道，使火箭恢复到正常状态，如图5-2-18所示。

图5-2-18 显示RGB通道

17）使用"移动工具"将火箭移动至"周边产品之书签"画布中，按【Ctrl+T】键调整火箭大小和位置，如图 5-2-19 所示。

18）在"图层"面板中将火箭图层名字修改为"火箭"，并为"火箭"添加一个"亮度/对比度 3"调整图层，设置"亮度"为 20，"对比度"为 60，如图 5-2-20 所示。

19）执行"窗口"—"形状"命令，在"形状"面板中增加"旧版形状及其他"，如图 5-2-21 所示。

图 5-2-19　调整后的火箭

图 5-2-20　添加调整图层

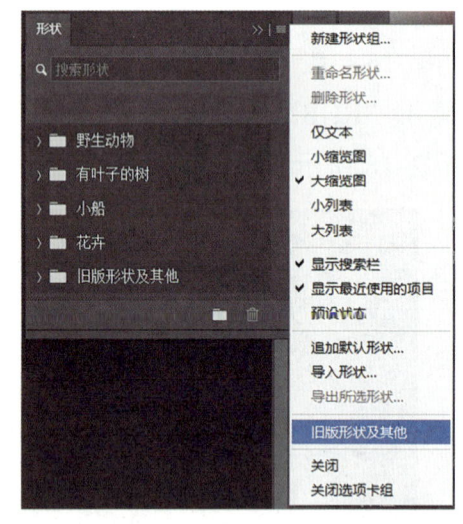

图 5-2-21　增加"旧版形状及其他"

20）新建白色背景，300 像素×300 像素画布。选择"自定形状工具"，在属性栏中点击"形状"后的小三角打开形状库，选择实心五角星形状，如图 5-2-22 所示。

190

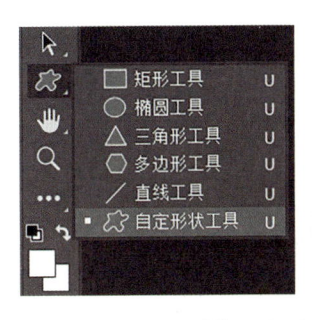

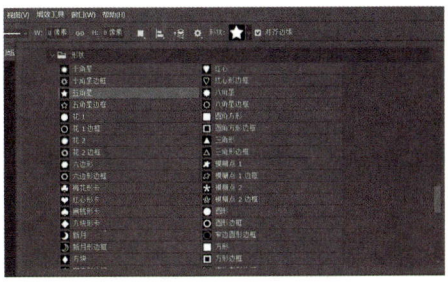

图 5-2-22　选择实心五角星形状

21）修改前景色为红色，按住【Shift】键，绘制出五角星形状，如图 5-2-23 所示。

22）执行"编辑"—"定义画笔预设"命令，如图 5-2-24 所示，将画笔命名为"星星"，如图 5-2-25 所示。

图 5-2-23　绘制五角星形状　　图 5-2-24　定义画笔预设

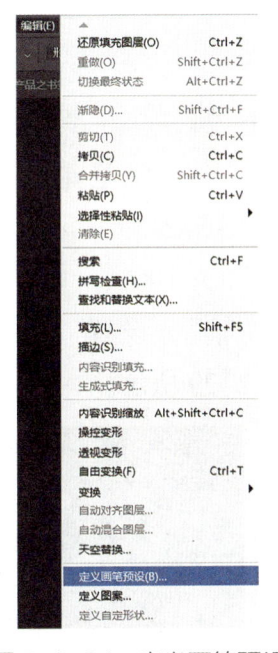

图 5-2-25　画笔命名

23）返回"周边产品之书签"画布，新建图层，并修改图层名称为"星星"，选择"画笔工具"，在属性栏中选择"星星"笔尖形状，如图5-2-26所示。

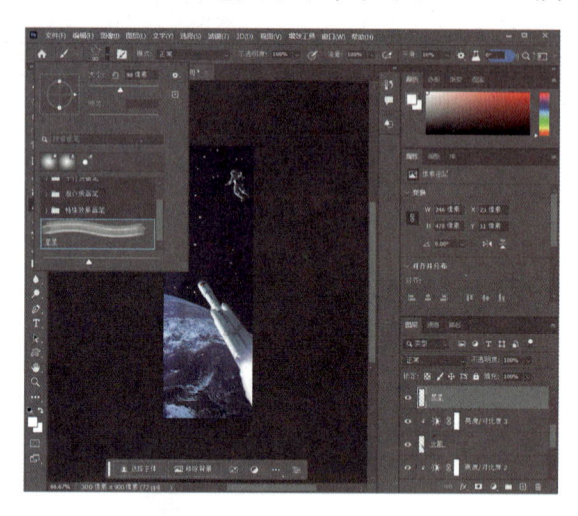

图5-2-26　选择笔尖形状

24）点击"切换画笔面板"，打开"画笔设置"面板，在"画笔笔尖形状"中调整"间距"为600%，如图5-2-27所示；在"形状动态"中设置"大小抖动"为100%，如图5-2-28所示；在"散布"中勾选"两轴"，设置"散布"为800%，"数量"为2，如图5-2-29所示。

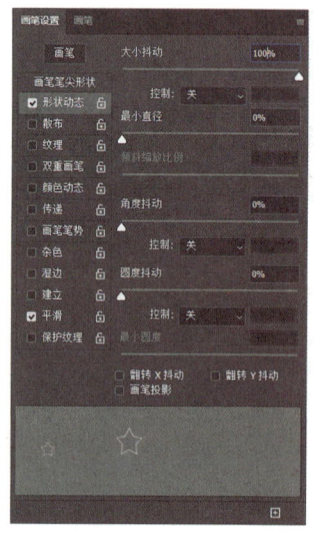

图5-2-27　调整"画笔笔尖形状"　　图5-2-28　调整"形状动态"

25）关闭"画笔设置"面板，将前景色设置为白色，修改笔尖至合适大小，在画布上绘制星星点缀，效果如图5-2-30所示。

> **知识链接**
>
> PS画笔中的"散布"功能允许用户在绘画时随机分布笔触，从而创造出更加自然和随性的效果。通过调整散布的参数，用户可以控制笔触之间的距离、方向和分布方式。
>
> 当开启"散布"功能时，笔触会根据设定的散布参数在画布上随机分布，产生一种散乱的视觉效果。这种效果在模拟自然现象，如飞溅的水滴、飘落的叶子等方面非常有用。
>
> 除了散布的参数，用户还可以选择不同的散布形状和质量，以获得更精细的控制和多样的视觉效果。结合其他画笔设置，如颜色动态和纹理，用户可以创作出更具个性和创意的作品。
>
> 通过掌握PS画笔中的"散布"功能，设计师和艺术家可以进一步拓展创作的可能性，在绘画中实现更加自由和多样的表达。

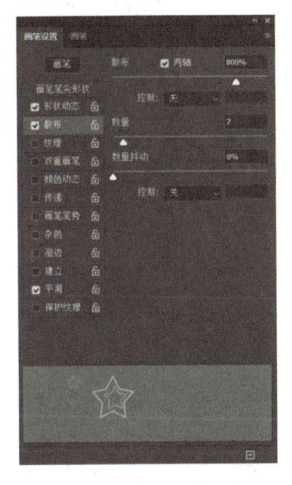

图5-2-29 调整"散布"　　图5-2-30 绘制星星点缀

26）点击"钢笔工具"，在属性栏中将"路径"修改为"形状"，如图5-2-31所示。之后分别在书签上方、下方绘制形状，并在"图层"面板中分别修改图层名称为"上形状"和"下形状"，如图5-2-32所示。

图5-2-31 修改为"形状"

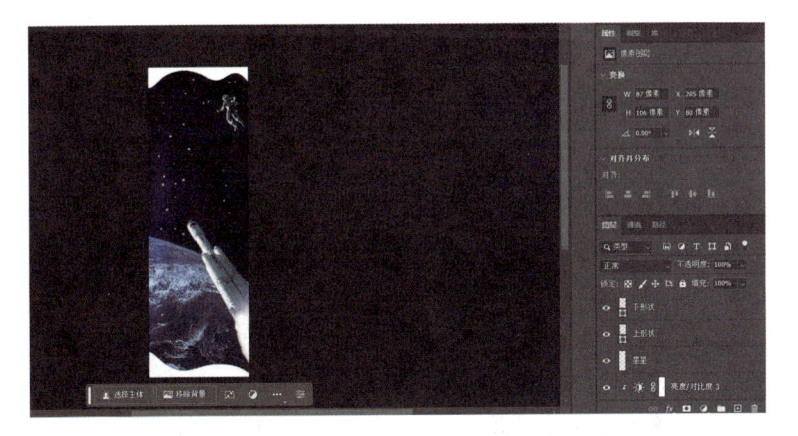

图5-2-32 绘制形状

27）点击"直排文字工具"，在画布中输入文字"太空漫步"，设置"字体"为华为隶书，"大小"为

193

56点,把文字放在中间位置,适当调整宇航员素材的大小,并放置在画布右上角位置,如图5-2-33所示。

28)点击"自定形状工具",在属性栏中打开形状库,在"物体"中分别选择左脚和右脚,如图5-2-34所示。在"太空漫步"文字左上角绘制左脚,右下角绘制右脚,如图5-2-35所示。

图 5-2-33 创建文字

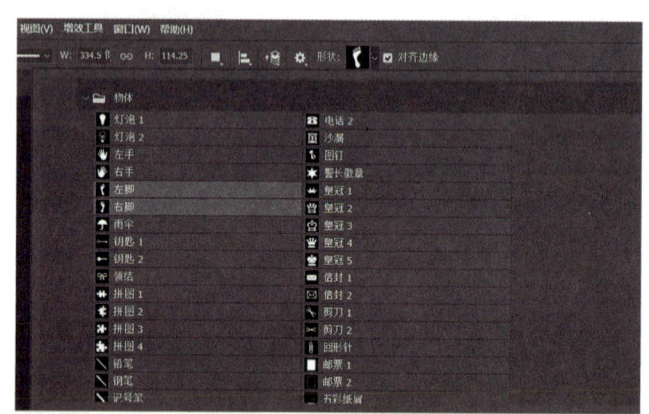

图 5-2-34 选择形状

29)完成后的书签效果如图5-2-36所示。

图 5-2-35 创建左右脚形状　　图 5-2-36 书签效果

知识储备

- 自定形状工具的使用
- 滤镜工具的使用
- 通道抠图的方法

理论闯关

填空题

1. 在Photoshop中，如果要使用自定形状工具绘制图形，需要先选择该工具，然后单击工具属性栏中的"自定形状"下拉菜单，选择所需的图形，接着按住＿＿＿＿键单击并拖动鼠标以绘制图形。

2. 在Photoshop中，如果要使用自定形状工具绘制多个相同的图形，可以按住＿＿＿＿键的同时拖动鼠标以复制图形。

3. 在Photoshop中，如果要使用通道抠图技术，需要先选择包含所需对象的通道，然后使用＿＿＿＿工具将对象从背景中分离出来。

4. 在通道抠图中，为了更好地控制图像的细节，可以使用＿＿＿＿工具来调整图像的亮度和对比度。

5. 在通道抠图中，如果要使抠出的对象更加平滑，可以使用＿＿＿＿滤镜进行处理。

实践突破

以"星海遨游"为主题，设计一款含有航天科技元素的书签。

要求：

1. 设计应围绕"星海遨游"主题，展现出浩瀚宇宙的神秘与浪漫，体现出航天科技无限探索的精神。

2. 书签的形状应为简洁的线条设计，呈现出飞船或宇航员的形象，或是抽象的星河、星球等元素。

3. 书签上应包含一些航天科技的元素，这些元素可以通过雕刻、镂空或彩印的方式呈现。

4. 书签的尺寸应适中，便于夹在书中且不易滑落。

5. 在书签的背面可以设计一些简单的文字，如"探索无限""星海遨游"等，以增强主题的表达。

6.最终提交的设计稿应包括效果图和尺寸标注，以便于生产制作。

> 项目评价

经过这段学习之旅，你会为自己的学习成果打几颗星呢？请用心完成自我评价，肯定自己的成就，也积极寻找并改善不足之处。

项目	内容		评价星级
	学习目标	评价目标	
职业能力	掌握Photoshop软件的基本操作和基本工具	能够用自定形状工具绘制不同图案	☆☆☆☆☆
		能够利用通道进行抠图	☆☆☆☆☆
通用能力	分析问题的能力		☆☆☆☆☆
	解决问题的能力		☆☆☆☆☆
	自我提高的能力		☆☆☆☆☆
	自我创新的能力		☆☆☆☆☆
综合评价		☆☆☆☆☆	

项目实训评价表

5.3 胶带周边效果图设计

胶带周边效果图设计

> 任务目标

1. 掌握画布设置的方法
2. 掌握滤镜工具的使用
3. 掌握色彩工具的使用

> 任务描述

通过对胶带周边产品的设计，掌握PS常用工具的使用，为后面项目中的综合设计奠定基础。

> 任务导图

胶带周边效果图设计 —— 实例操作："航天科技博物馆"胶带周边效果图设计

> 学习新知

任务要求：以航天科技为主题，设计简洁、现代的胶带周边效果图。主要元素包括火箭、宇航员、星球等，与胶带形成有趣的互动。主色调以蓝色为主，突出宇宙的神秘与广阔。

1）双击打开Photoshop，执行"文件"—"新建"命令，在弹出的"新建文档"对话框中，修改文件名称为"周边产品之胶带"，设置"宽度"为900像素，"高度"为300像素，"分辨率"为72像素/英寸，"颜色模式"为RGB颜色，如图5-3-1所示。

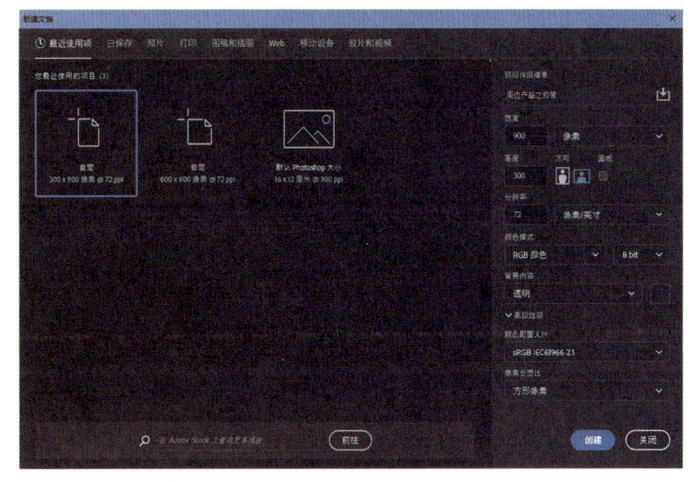

图 5-3-1　新建文件

2）在"图层"面板中，双击"图层1"，修改名称为"底色"。选中"渐变工具"，在属性栏中选择"经典渐变"，在"渐变编辑器"的蓝色中选择一个浅蓝至深蓝的渐变，在渐变颜色条上点击左侧下方第一个色标，调整RGB颜色为（110，192，251），点击右侧下方色标，调整RGB颜色为（12，61，156），点击"确定"按钮，如图5-3-2所示。在属性栏中将渐变类型修改为"线性渐变"。

学习笔记

问题摘录

知识链接

"减淡工具"是PS中的重要修饰工具，通过涂抹可以使图片局部颜色减淡，从而增强明亮程度。使用"减淡工具"时，可以调整参数如画笔、范围（高光、中间调、暗调）、曝光度等，达到最佳的修饰效果。同时，也要注意不要过度使用，以免影响图片的真实感。使用"减淡工具"可以有效地增强图片的细节和质感，提升画面的表现力。

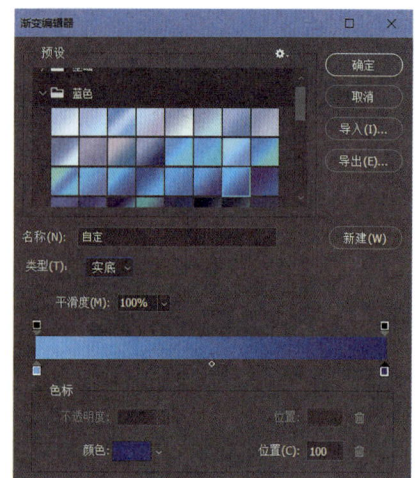

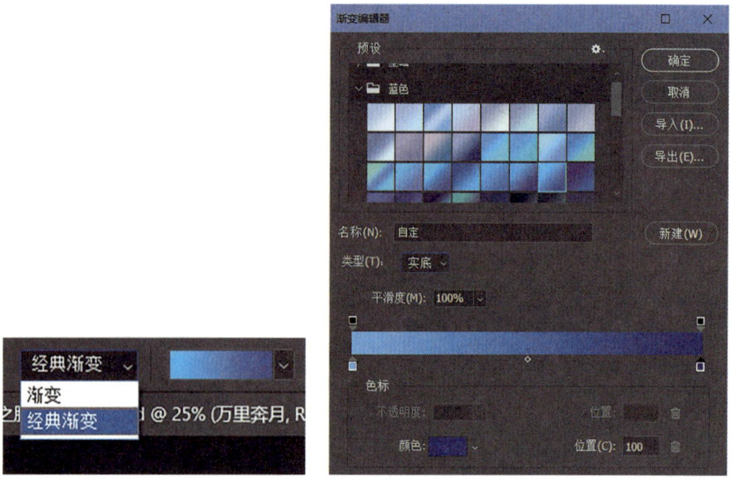

图 5-3-2 调整底色图层

3）光标放在画布左侧，长按鼠标左键，拖动至画布右侧松开鼠标，完成渐变背景的绘制，如图 5-3-3 所示。

图 5-3-3 绘制渐变背景

4）选择"减淡工具"，选择"Kyle的喷溅画笔-高级喷溅和纹理"笔尖形状，设置笔尖"大小"为 600 像素，如图 5-3-4 所示。在画布中从左至右减淡背景颜色，如图 5-3-5 所示。

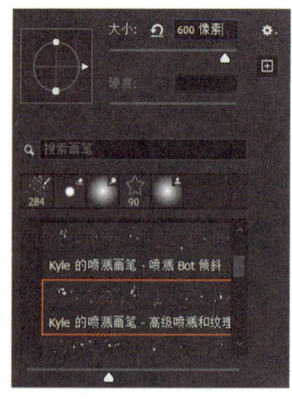

图 5-3-4 选择笔尖形状 　　图 5-3-5 减淡背景

5）新建图层，命名为"上线条"。点击前景色，修改颜色RGB为（0，45，255），选择"画笔工具"绘制如图5-3-6所示2条直线；修改前景色RGB为（237，132，26），绘制如图5-3-7所示2条直线。复制"上线条"图层，并重新命名为"下线条"，移动至胶带底部位置，如图5-3-8所示。

图5-3-6 蓝色上线条

图5-3-7 黄色上线条

图5-3-8 下线条

6）新建画布，命名为"兔子笔尖形状"，设置"宽度"为300像素，"高度"为300像素，"分辨率"为72像素/英寸，"背景内容"为白色，如图5-3-9所示。选择"自定形状工具"，在形状库中选择兔子形状，设置"填充"为蓝色，"描边"为白色，按住【shift】键绘制出兔子形状，如图5-3-10所示。

图5-3-9 新建画布

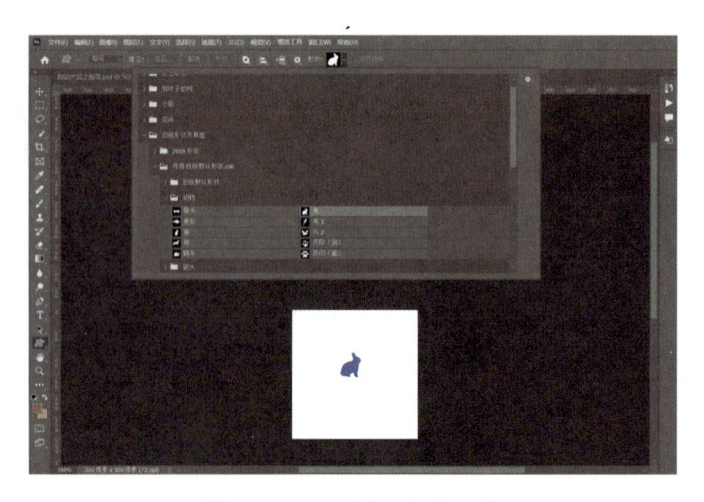

图 5-3-10　绘制兔子形状

7）执行"编辑"—"定义画笔预设"命令，将画笔命名为"兔子笔尖形状"，如图5-3-11所示。

图 5-3-11　画笔命名

8）在"周边产品之胶带"画布中，新建"玉兔点缀图案"图层。选择"画笔工具"，选择自定义的"兔子笔尖形状"，如图5-3-12所示，在"画笔设置"面板中调整"间距"为160%，如图5-3-13所示。

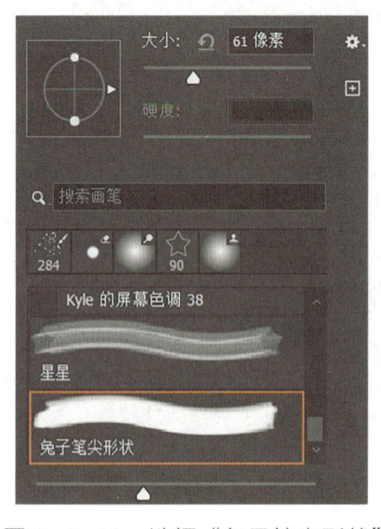

图 5-3-12　选择"兔子笔尖形状"　　图 5-3-13　调整间距

9）按住【Shift】键，鼠标放在上方 2 条黄色线左侧中间位置，点击鼠标 1 次，然后在右侧中间位置再次点击鼠标，完成上方玉兔的绘制。复制"玉兔点缀图案"图层，移动至下方黄色线中间。效果如图 5-3-14 所示。

图 5-3-14　绘制玉兔

10）选中"玉兔点缀图案"图层，点击鼠标右键打开"图层样式"对话框，勾选"描边"，修改"颜色"为 RGB（156，57，225），"不透明度"为 60%，点击"确定"按钮，如图 5-3-15 所示，为玉兔完成描边图层样式的添加。

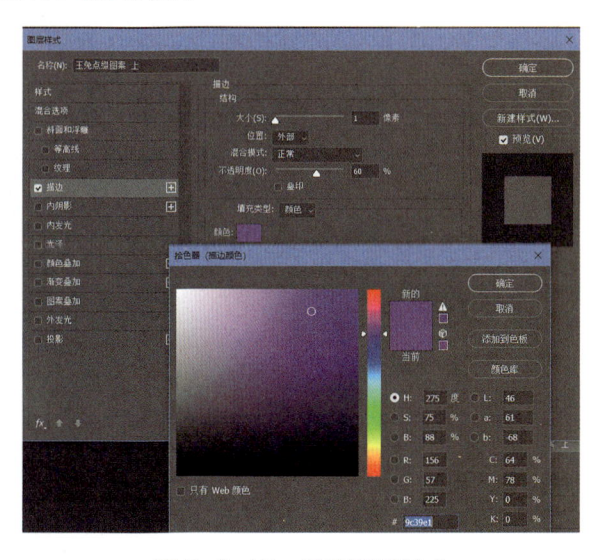

图 5-3-15　设置图层样式

11）选中"玉兔点缀图案"图层，按住【Alt】键，将鼠标移动至效果处，长按鼠标左键，向上拖动至"玉兔点缀图案 副本"图层，完成描边效果的复制，如图 5-3-16 所示。

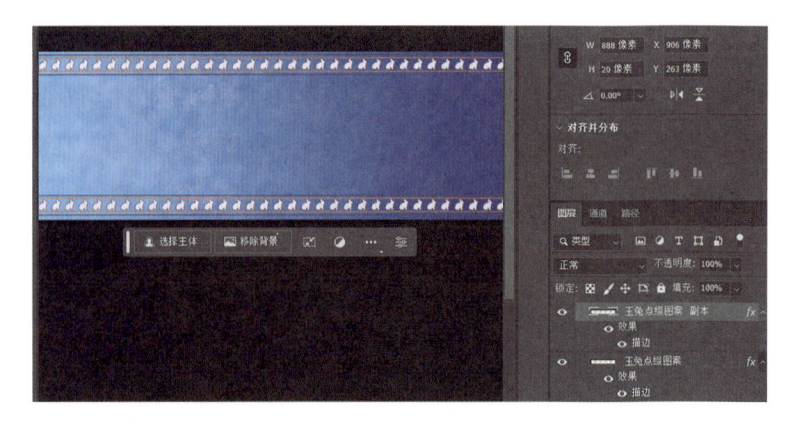

图 5-3-16　复制图层样式

12）修改"玉兔点缀图案"图层名称为"玉兔点缀图案 上"，修改"玉兔点缀图案 副本"图层名称为"玉兔点缀图案 下"。选中"玉兔点缀图案 上"和"玉兔点缀图案 下"图层，移动至"创建新组"图标上，将上述两个图层放置在一个组中，并修改组名为"玉兔点缀图案"，如图 5-3-17 所示。

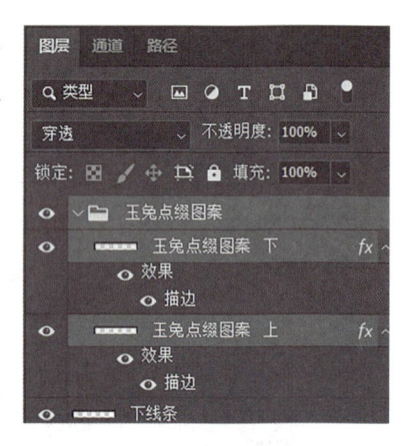

图 5-3-17　创建新组

13）参考前述步骤定义"五角星"画笔预设，并将定义的画笔预设命名为"星星"。

14）在"周边产品之胶带制作"画布中新建"星星"图层。选择"画笔工具"，选择自定义的"星星"笔尖形状，如图 5-3-18 所示。

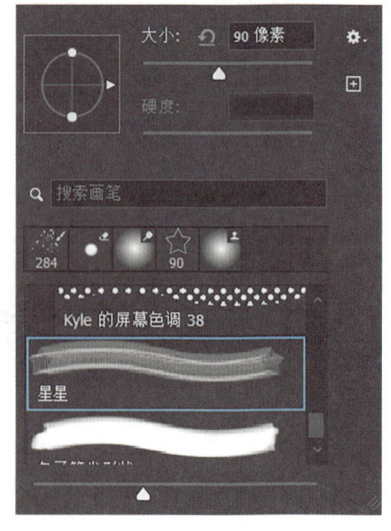

图 5-3-18　选择"星星"画笔

"航天科技博物馆"周边产品设计 | 项目五

15）打开"画笔设置"面板，设置"大小"为35像素，调整"间距"为500%，勾选"形状动态"，设置"大小抖动"为100%，勾选"散布"，设置"散布"为600%，如图5-3-19所示。

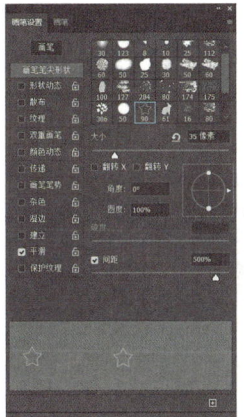

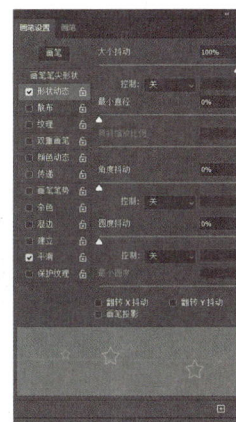

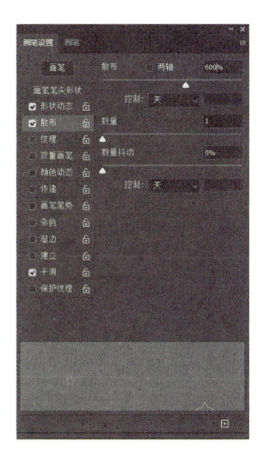

图5-3-19 设置画笔属性

16）前景色修改为白色，在画布上绘制星星形状，如图5-3-20所示。

图5-3-20 绘制星星

17）选择"矩形工具"，在属性栏中修改"设置圆角的半径"为10像素。设置"填充"为渐变，选择"前景色到透明渐变"，"描边"设置为无颜色，如图5-3-21所示。

18）在画布中绘制一个流星形状，并按【Ctrl+T】键对流星形状进行调整，使其旋转

图5-3-21 设置属性

📝 学习笔记

📝 问题摘录

203

至倾斜角度，如图 5-3-22 所示。多次复制"图层"面板中的"圆角矩形 1"图层，并分别调整大小和位置，完成流星的绘制，如图 5-3-23 所示。

图 5-3-22　绘制单个流星　　　　图 5-3-23　绘制多个流星

19）将"图层"面板中所有的流星图层放置在一个新组里面，命名为"流星"，调整此组的"不透明度"为 75%，如图 5-3-24 所示。

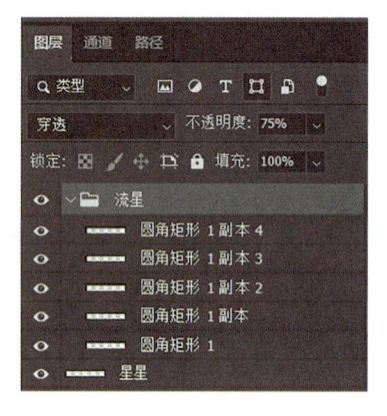

图 5-3-24　创建流星组

20）新建图层，命名为"地球"。选择"椭圆选框工具"，按住【Shift+Alt】键，在画布左侧绘制一个正圆，并填充蓝色（54,133,208），按【Ctrl+D】键取消选区，如图 5-3-25 所示。

图 5-3-25　绘制地球

21）选择"减淡工具"，对地球上、下区域进行减淡，模拟南北极效果，再对中间区域适当淡化，如图 5-3-26 所示。

图 5-3-26　减淡处理

22）选中"地球"图层，点击右键选择"混合选项"，勾选"斜面和浮雕"，调整"深度"为 80%，"大小"为 76 像素，"角度"为 -160°，如图 5-3-27 所示。设置后的效果如图 5-3-28 所示。

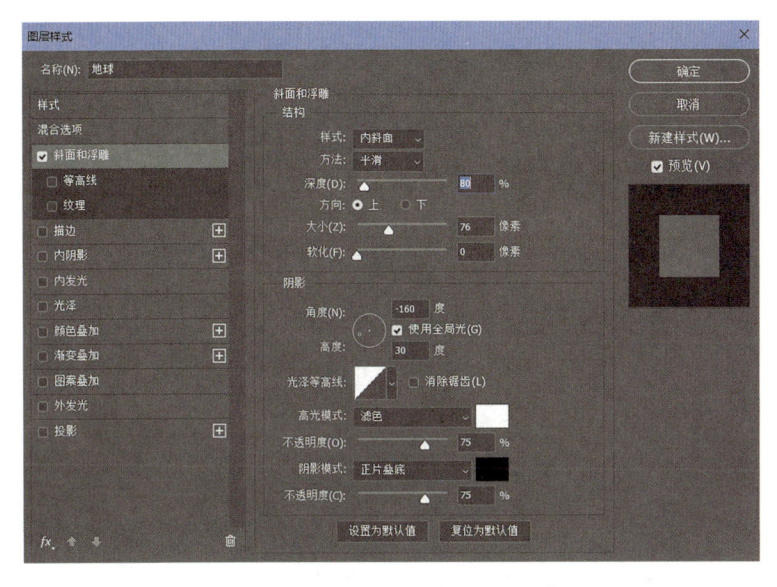

图 5-3-27　设置"图层样式"

图 5-3-28　设置"图层样式"后的地球

23）新建图层，命名为"陆地"，按【Ctrl+Alt+G】键为"陆地"图层创建剪贴蒙版，如图 5-3-29 所示。选择"画笔工具"，修改前景色为RGB（72，193，115），绘制陆地，效果如图 5-3-30 所示。

图 5-3-29　创建剪贴蒙版

> **知识链接**
>
> "剪贴蒙版"是PS中的一种图像处理技术，通过使用一个图层（基层）的形状来限制另一个图层（内容图层）的图像，创建出具有特定形状和边界的剪贴效果。通过简单地按住【Alt】键并单击两个相邻图层之间的线，可以轻松创建或释放剪贴蒙版。这种技术广泛应用于图像合成、特殊效果制作、图像修复等领域，为用户提供了更加灵活和有创意的控制方式，以实现丰富的视觉效果。

图 5-3-30　绘制陆地后的地球

24）新建图层，命名为"卫星轨道"。选择"椭圆工具"，在属性栏修改"填充"为无颜色，"描边"为白色、2像素，在地球周围绘制卫星轨道，如图5-3-31所示。

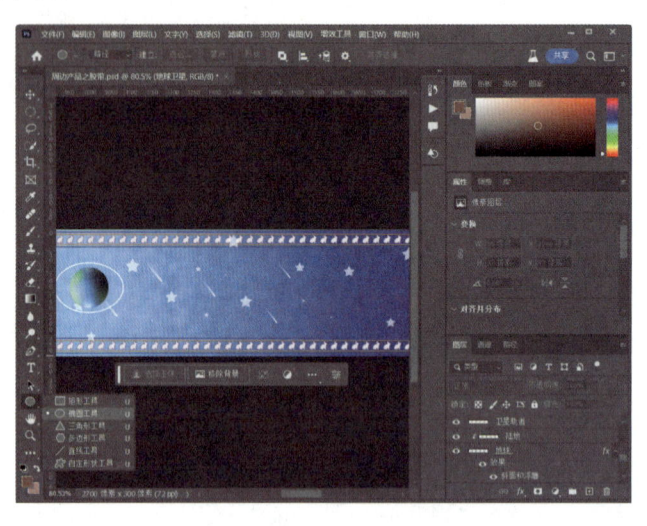

图 5-3-31　绘制卫星轨道

25）选中"卫星轨道"图层，点击鼠标右键，执行"栅格化图层"命令，如图5-3-32所示。

26）打开"地球卫星"素材，双击图层后的锁形状解锁图层。选择"魔棒工具"，选中除卫星外的白色区域，按【Delete】键删除，按【Ctrl+D】键取消选区，完成对卫星素材的抠图，如图5-3-33所示。

27）选择"移动工具"，将"地球卫星"素材移动至"周边产品之胶带"画布中，按【Ctrl+T】键调整卫星素

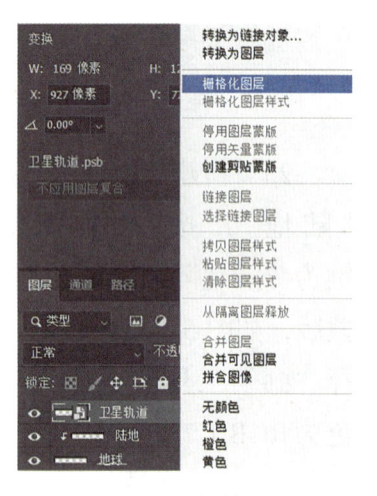

图 5-3-32　栅格化图层

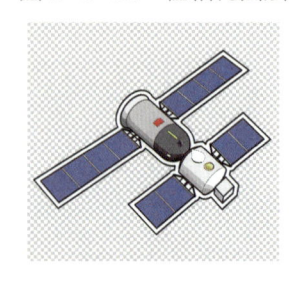

图 5-3-33　卫星素材抠图

材大小、位置，放至轨道上，修改图层名称为"地球卫星"，如图 5-3-34 所示。

图 5-3-34　地球卫星

28）选中"地球卫星"图层，为其添加"描边"图层样式，"颜色"为白色，"大小"为 1 像素，如图 5-3-35 所示。

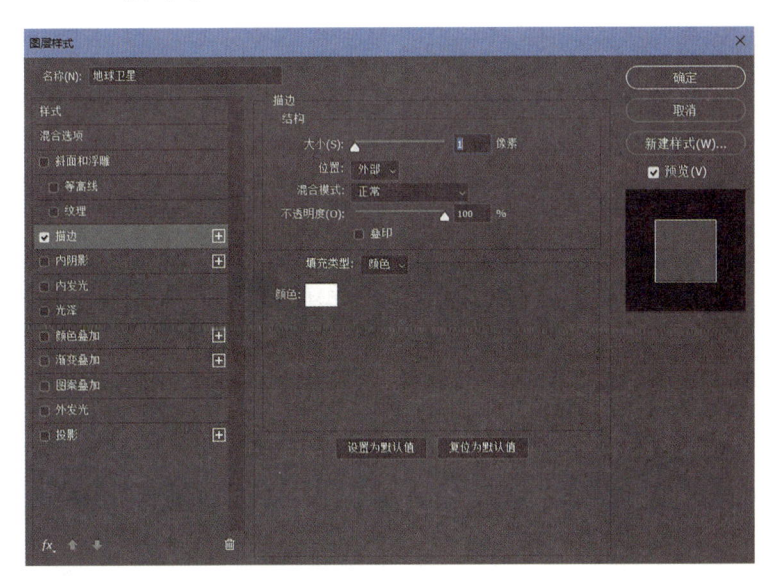

图 5-3-35　"描边"图层样式

29）新建"月球"图层，在画布右侧绘制一个正圆，填充颜色"#e9d75c"，按【Ctrl+D】键取消选区，如图 5-3-36 所示。

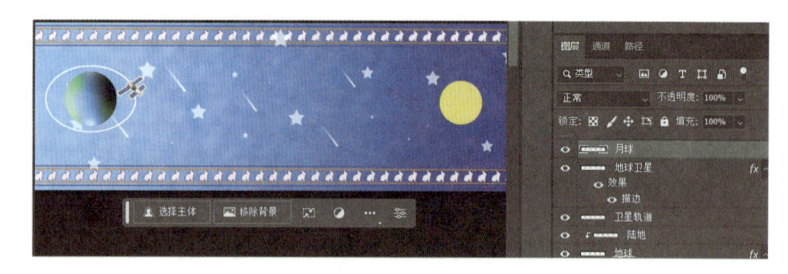

图 5-3-36 绘制正圆

30）按住【Ctrl】键，鼠标右键点击"月球"图层的缩略图，载入选区，如图 5-3-37 所示。选择"椭圆选框工具"，如图 5-3-38 所示，在属性栏中单击"从选区减去"。在月球选区绘制一个椭圆，使选区留下一个月牙形状，如图 5-3-39 所示。新建图层，命名为"月球背面"，填充颜色"#938621"，按【Ctrl+D】键取消选区，效果如图 5-3-40 所示。

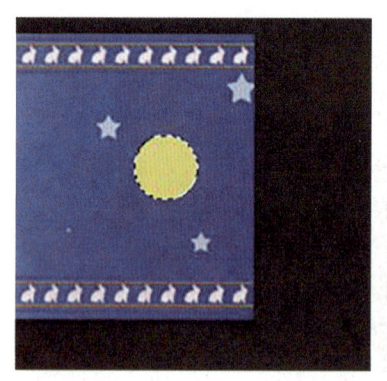

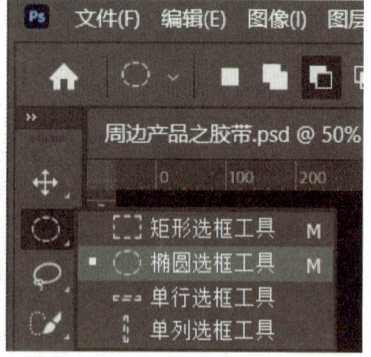

图 5-3-37 载入选区　　图 5-3-38 椭圆选框工具

图 5-3-39 绘制月球背面选区　　图 5-3-40 填充颜色

31）新建图层，命名为"月球陨石坑"。使用"椭圆选框工具"绘制一个陨石坑，填充颜色"#938621"，并为其添加"投影"图层样式，如图 5-3-41 所示。

图 5-3-41　绘制陨石坑

32）对"月球陨石坑"图层进行多次复制，并使用【Ctrl+T】键分别调整大小和位置，完成多个陨石坑的绘制，并将其放置在"月球陨石坑"组中，如图 5-3-42 所示。

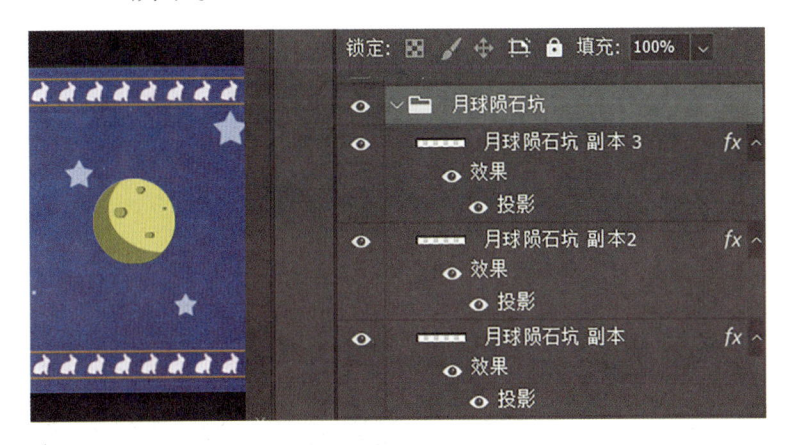

图 5-3-42　"月球陨石坑"组

33）新建图层，命名为"线条"。选择"自定形状工具"，在形状库中选择"波浪"，并在属性栏中修改"形状"为"路径"，如图 5-3-43 所示。

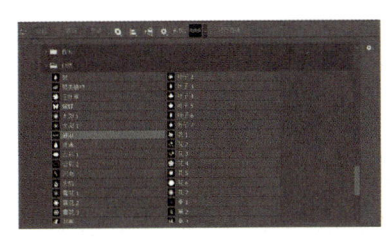

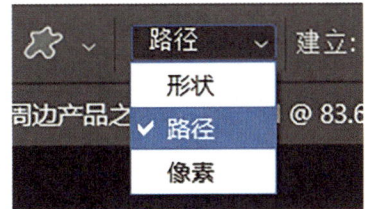

图 5-3-43　自定形状工具

34）在地球和月球之间绘制路径，如图 5-3-44 所示。按【Ctrl+Enter】键将路径转变为选区，设置前景色颜色为"#df7376",背景色颜色为"#e9d457"。选择"渐变工具",在"渐变编辑器"中选择"前景色到背景色渐变",点击"确定"按钮,如图5-3-45所示。

图 5-3-44　绘制路径

35)从右向左绘出一条渐变,在"图层"面板中调整"不透明度"为80%,如图5-3-46所示。按【Ctrl+T】键执行"自由变换"命令,在变换区域点击鼠标右键,选择"透视",如图5-3-47所示。使用鼠标在四个角处拖动线条形状,使其呈现左小右大的形状,按回车键确定,如图5-3-48所示。

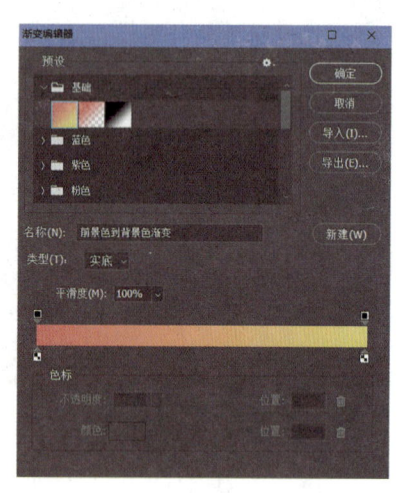

图 5-3-45　前景色到背景色渐变

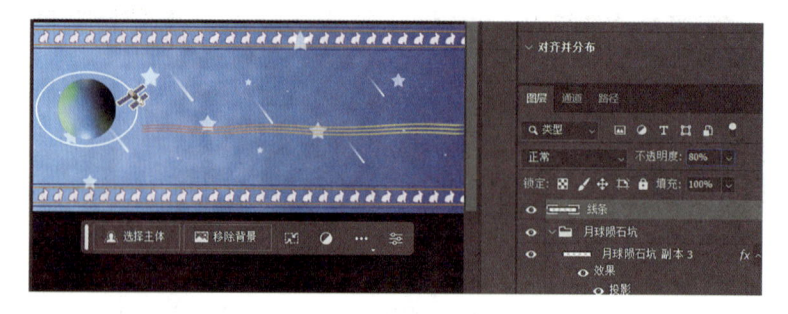

图 5-3-46　绘制渐变

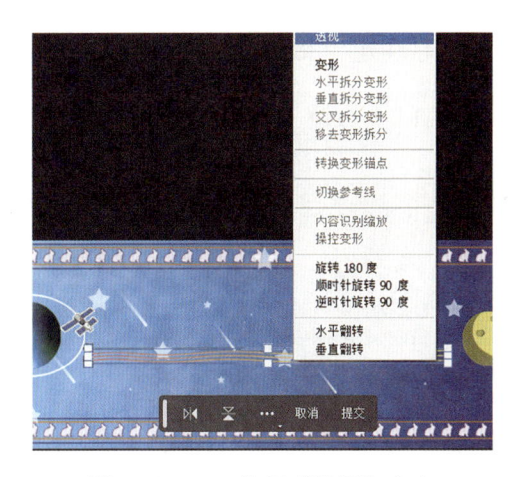

图 5-3-47 执行"透视"命令

图 5-3-48 完成线条制作

36）打开"卡通宇航员"素材，双击图层后的锁形状解锁图层。选择"魔棒工具"，选中除宇航员外的白色区域，按【Delete】键删除，按【Ctrl+D】键取消选区后，完成对"卡通宇航员"素材的抠图，如图 5-3-49 所示。

图 5-3-49 "卡通宇航员"素材抠图

37）使用"移动工具"将"卡通宇航员"素材移动至"周边产品之胶带.psd"文件中，修改图层名称为"宇航员"。按【Ctrl+T】键缩放调整大小，执行"水平翻转"命令，如图 5-3-50 所示。鼠标放至素材右上角适当旋转，使宇航员脚部贴于线

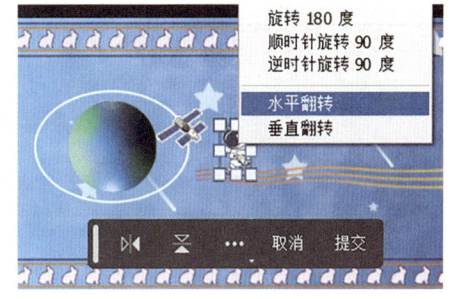

图 5-3-50 水平翻转

211

条处，按回车键确定，效果如图 5-3-51 所示。

图 5-3-51 调整素材效果

38）复制 2 次"宇航员"图层，分别放在线条中间和右侧绘制，并按【Ctrl+T】键放大 2 个宇航员，使中间宇航员的形状大于最左侧宇航员，最右侧宇航员的形状大于中间宇航员，如图 5-3-52 所示。

图 5-3-52 复制宇航员

39）在"图层"面板中修改左侧宇航员图层名称为"宇航员 左"，并调整"不透明度"为 20%，如图 5-3-53 所示。修改中间宇航员图层名称为"宇航员 中"，并调整"不透明度"为 60%，如图 5-3-54 所示。修改右侧宇航员图层名称为"宇航员 右"，并调整"不透明度"为 100%，如图 5-3-55 所示。

图 5-3-53 "宇航员 左"图层调整

图 5-3-54 "宇航员 中"图层调整

图 5-3-55 "宇航员 右"图层调整

40）在"图层"面板中将"宇航员 左""宇航员 中""宇航员 右"三个图层放置在新组"宇航员"中，如图 5-3-56 所示。

41）新建图层，命名为"文字"。选择"横排文字蒙版工具"，在中间宇航员下方创建"万里奔月"文字选区，点属性栏上的"√"符号确定，如图 5-3-57 所示。

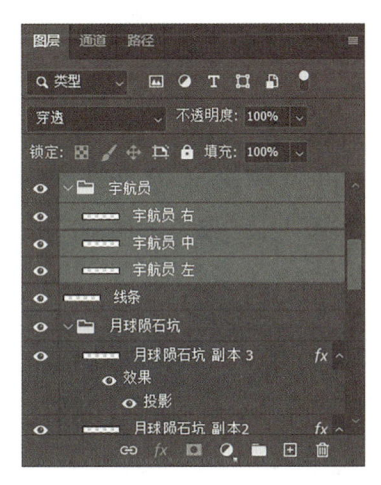

图 5-3-56 创建"宇航员"组

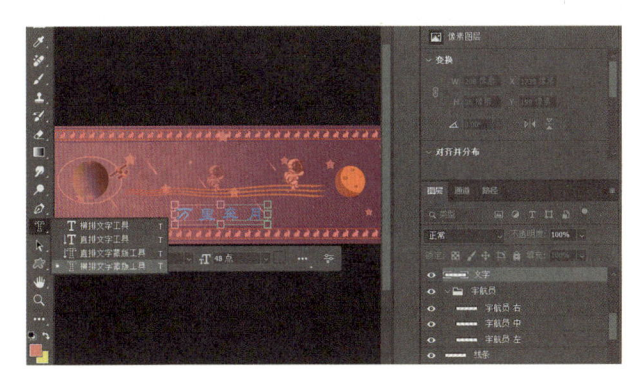

图 5-3-57 创建文字选区

问题摘录

知识链接

"文字蒙版工具"是 PS 中用于创建文字形状的选区工具。通过使用"文字蒙版工具"，可以在图像上创建基于文字形状的选区，从而对选区内的图像进行编辑、调整或应用其他效果。"文字蒙版工具"的使用方法相对简单，只需在工具箱中选择"文字蒙版工具"，然后在图像上输入文字即可创建文字形状的选区。通过调整字体、字号、颜色等参数，可以获得不同形状和大小的文字选区，从而更加灵活地应用于各种图像处理任务。"文字蒙版工具"在合成图像、制作特殊效果、设计排版等方面具有广泛的应用，为设计师提供了更加高效和精确的文字处理方式。

42）设置前景色为"#d624d8"，为文字选区填充颜色，按【Ctrl+D】键取消选区，按【Ctrl+T】键执行"自由变换"命令，适当调整文字大小和位置，效果如图5-3-58所示。

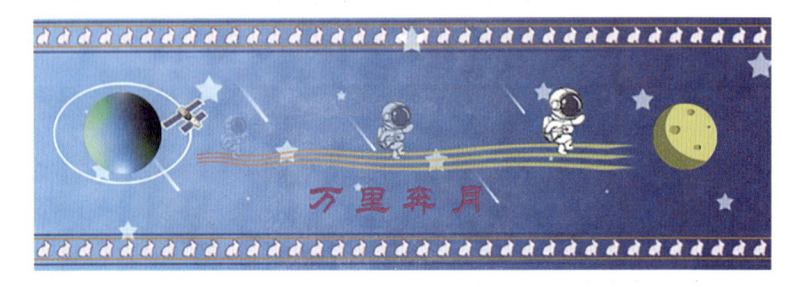

图 5-3-58　文字效果

43）为文字添加"描边"图层样式，设置"颜色"为"#fffbb4"，"大小"为2像素，如图5-3-59所示。为文字添加"斜面和浮雕"图层样式，设置"样式"为浮雕效果，"方向"为上，"大小"为10像素，"软化"为12像素，正片叠底颜色为"#821010"，如图5-3-60所示。

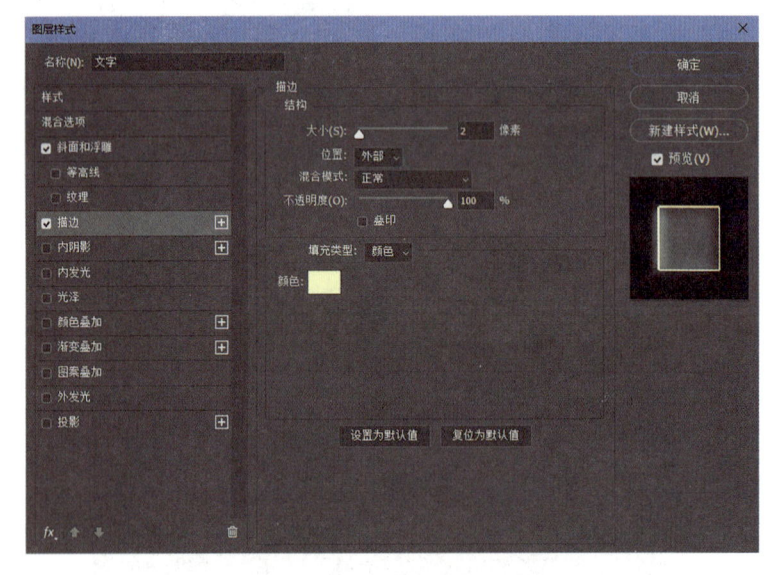

图 5-3-59　"描边"图层样式

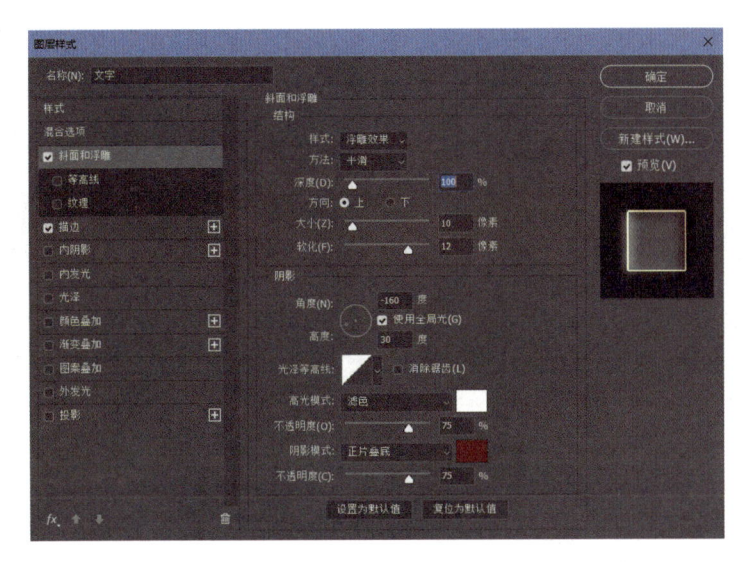

图 5-3-60 "斜面和浮雕"图层样式

44）胶带中单个图案最终效果如图 5-3-61 所示。

图 5-3-61 单个图案最终效果

45）由于胶带长度较长，图案会在胶带上重复出现，因此制作图案重复效果。按【Ctr+Shift+Alt+E】键盖印图层，命名为"单个图案"。执行"图像"—"画布大小"命令，勾选"相对"，修改"新建大小"中的"宽度"为 900 像素，如图 5-3-62 所示。在"定位"处点击左侧中间向左的箭头，则右侧会出现一列空白方格，表示画布向右新建大小，如图 5-3-63 所示。点击"确定"按钮后，画布在原来大小的基础上向右拓展 900 像素大小，如图 5-3-64 所示。

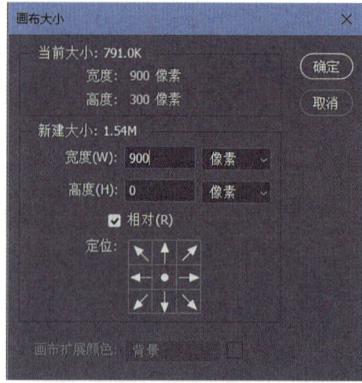

图 5-3-62　修改画布大小　　图 5-3-63　确定新建方向

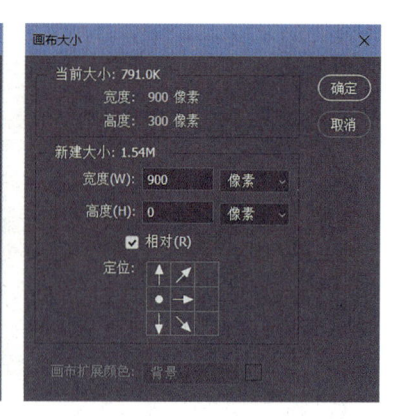

图 5-3-64　向右拓展画布

46）参考步骤 45）向左拓展画布 900 像素大小，如图 5-3-65 所示。

图 5-3-65　向左拓展画布

47）按住【Alt】键，鼠标放在图案上，点击鼠标左键进行拖动，移动至左侧空白画布处，并对齐，实现对图案的复制，如图 5-3-66 所示。

图 5-3-66　复制图案至左侧

48）同样操作复制图案，并移动至右侧空白画布处，如图 5-3-67 所示。

图 5-3-67　复制图案至右侧

49）对单个图案重新命名，并放置在新建"单个图案"组中，如图5-3-68所示。

50）按【Ctrl+Shift+Alt+E】键盖印图层，新建图层，命名为"衔接处矩形"。选择"矩形选框工具"，在两张图案衔接处创建一个矩形选区，如图5-3-69所示。

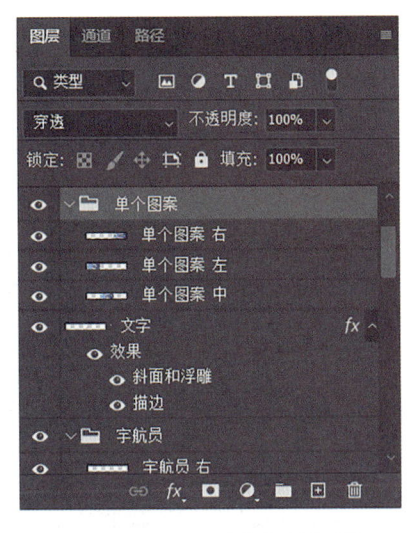

图5-3-68　重命名并打组

图5-3-69　创建矩形选区

51）设置前景色为"#0c45b1"，背景色为"#75c2fa"。选择"渐变工具"，在"渐变编辑器"中选择"前景色到背景色渐变"，如图5-3-70所示。选择色标条左侧下方的色标，设置"位置"为35%，选择右侧下方的色标，设置"位置"为75%，选择色标条左侧上方的不透明度色标，设置"位置"为35%，选择右侧上方的不透明度色标，设置"位置"为75%；如图5-3-71所示。在色标条上方单击鼠标左键添加两个不透明度色标，分别设置"位置"

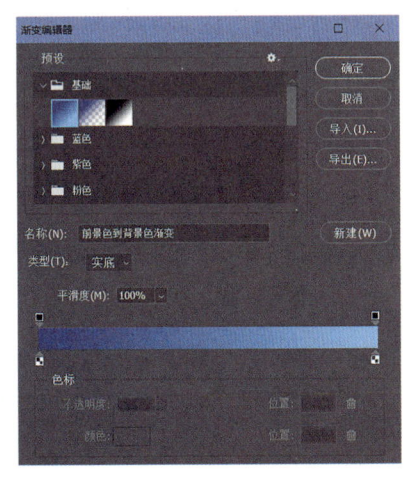

图5-3-70　前景色到背景色渐变

217

为0%、100%，"不透明度"均设置为0%，点击"确定"按钮，如图5-3-72所示。

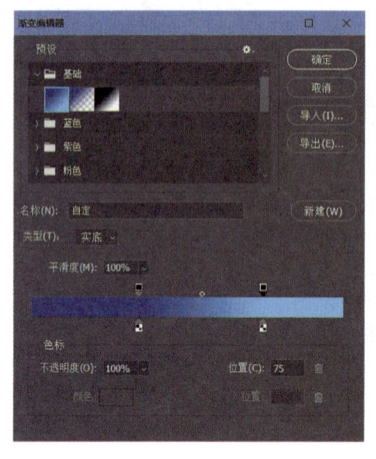

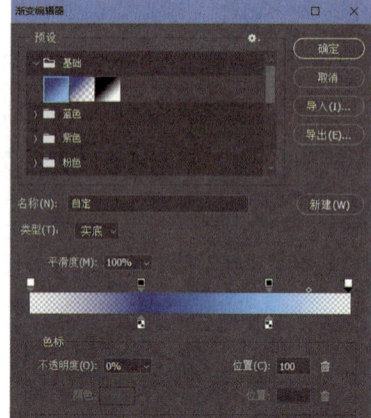

图5-3-71 修改色标位置　　图5-3-72 添加不透明度色标

52）在矩形选区上填充渐变，类型为"线性渐变"，完成后按【Ctrl+D】键取消选区，如图5-3-73所示。

图5-3-73 "线性渐变"填充

53）新建图层，命名为"衔接处文字"。选择"直排文字蒙版工具"，在衔接处创建"万里奔月"文字选区，如图5-3-74所示。

图5-3-74 创建直排文字选区

54）选择"渐变工具"，点击"橙色_06"，并在颜色渐变条上添加一个色标，位置为50%，对三个色标分别设置颜色为"#f47a0e""#fff000""#f47a0e"，如图5-3-75所示。在属性栏中选择"线性渐变"，为文字选区填充渐变颜色，按【Ctrl+D】键取消选区，按【Ctrl+T】键执行

"自由变换"命令，适当调整文字大小，效果如图 5-3-76 所示。

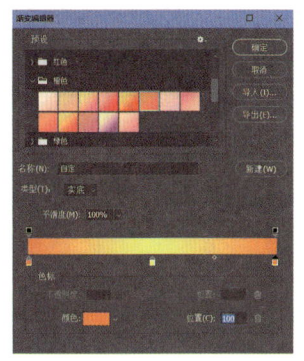

图 5-3-75　设置渐变　　图 5-3-76　文字选区填充渐变

55）复制"衔接处矩形"图层和"衔接处文字"图层 3 次，分别放置在其他衔接处，如图 5-3-77 所示。在"图层"面板中将"衔接处矩形"图层、"衔接处文字"图层和 3 个副本图层打组，新组命名为"衔接处"，如图 5-3-78 所示。

图 5-3-77　复制衔接处

56）按【Ctrl+Shift+Alt+E】键盖印图层，图层名称重新命名为"万里奔月"，如图 5-3-79 所示。

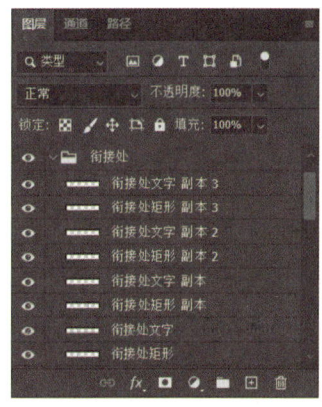

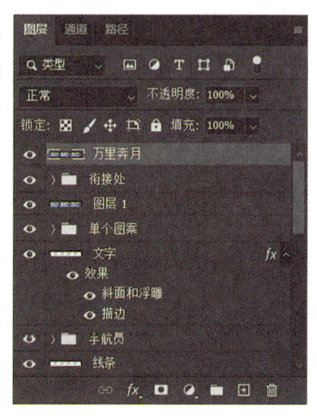

图 5-3-78　打组　　图 5-3-79　盖印图层

问题摘录

57）胶带图案最终效果如图 5-3-80 所示。

图 5-3-80　胶带图案最终效果

知识储备

- 画布设置的方法
- 滤镜工具的使用
- 色彩工具的使用

理论闯关

一、填空题

1. 在 Photoshop 中，要设置画布大小，可以使用"图像"菜单中的"_____"命令。

2. 当需要调整画布的分辨率时，可以在"图像"菜单中使用"_____"命令进行设置。

3. 在 Photoshop 中，如果要旋转画布，可以使用"图像"菜单中的"_____"命令。

4. 在 Photoshop 中，要应用模糊滤镜效果，可以使用"滤镜"菜单中的"_____"命令。

5. 当需要调整图像的色彩平衡时，可以使用"图像"菜单中的"_____"命令进行调节。

实践突破

以"火星探索"为主题，完成胶带周边产品设计。

要求：

1. 设计主题：火星探索。

以"火星探索"为主题，通过创意和设计展现人类对火星的探索历程和未来展望。设计应充满科技感和未来感，展现火星的神秘魅力。

2.设计元素与风格。

（1）火星元素：利用火星的红色、沙漠、山脉、极地冰盖等特征作为设计元素，展现火星独特的自然景观。

（2）科技感：运用现代简约的设计风格，融入未来科技元素，如太空舱、火箭、探测器等，提升产品的科技感。

（3）创新性：在设计中融入创意和创新，如利用渐变色、立体效果等使产品更具吸引力和个性。

项目评价

经过这段学习之旅，你会为自己的学习成果打几颗星呢？请用心完成自我评价，肯定自己的成就，也积极寻找并改善不足之处。

项目	内容		评价星级
	学习目标	评价目标	
职业能力	掌握Photoshop软件的基本操作和基本工具	能够对画布进行设置	☆☆☆☆☆
		能够在不同场景下灵活使用Photoshop软件工具	☆☆☆☆☆
通用能力	分析问题的能力		☆☆☆☆☆
	解决问题的能力		☆☆☆☆☆
	自我提高的能力		☆☆☆☆☆
	自我创新的能力		☆☆☆☆☆
综合评价	☆☆☆☆☆		

PROJECT 6

项目六

"中国航天"宣传折页设计

导语

　　嫦娥奔月，夸父逐日，屈原天问，万户飞天……中国人从有文字记载开始，就从未停止对头顶那片天的探索。从《东方红》的旋律在太空中播送，到天宫空间站建立，中华民族几千年的飞天梦，在中国智慧、中国技术、中国力量、中国精神的汇集中，正一步步变为现实。这是一部新中国的航天航空发展史，更是一个发展中国家自强不息的奋斗史！

　　宣传折页是一种以传统媒体为基础的宣传流动广告，一般为一折到六折不等，页数不多，环保美观。折页相较于海报能够承载更多信息，在设计折页时也需要考虑更多方面，例如单独页面和整体页面的视觉效果，折叠后的视觉效果，读者视线如何引导，等等。

　　在本项目中，我们将进行宣传折页的设计，综合应用已经学到的知识和技能，描绘出中国航天发展史的大事记。在"中国航天"发展史宣传折页的设计上，我们依据主题的特点以及中国航天发展史的宣传策略，合理安排宣传折页中每个画面的构成关系和设计元素的视觉关系，通过简约的线条和图形的串联引导读者视线，构建视觉上的空间感，风格统一，实现对航天科技特质的提炼与反映。

> **项目描述**

宣传折页是信息的集中展示平台，在设计过程中需要对线条、图和文字进行巧妙结合，绘制成具有可读性和观赏性的信息传播印刷媒介。本项目为"中国航天"发展史设计宣传折页，将灵活运用Photoshop软件中参考线和排版的相关知识，与区块文字排版知识相结合，合理排版宣传折页三大元素的位置，实现视线引导、视觉统一的功能效果。

> **项目要点**

- 宣传折页封面页设计
- 宣传折页内容页设计

> **项目分析**

在本项目的学习过程中，通过对宣传折页尺寸和排版的设置，掌握宣传折页设计时需要考虑的参数问题，学习如何合理排布宣传折页的三种基本元素——线条、图和文字；通过对宣传折页的分析、设计、制作，掌握Photoshop软件中对于图像排版和调色的操作，以及对于文字块的操作。

6.1 宣传折页封面页设计

宣传折页封面页设计

> **任务目标**

1. 了解宣传折页中的基本元素和常见的排版设计方法
2. 掌握Photoshop软件中的基础操作
3. 掌握Photoshop软件中基础工具的应用

> **任务描述**

宣传折页在实际生活场景中有很多功能。作为企业或者产品的宣传折页，需要体现其企业精神或者产品特性；作为科普类宣传折页，则需要体现宣传重点，引导读者视线。本任务以真实案例"中国航天"发展史宣传折页设计为基础，展示宣传折页绘制过程中的注意事项，结合操作过程演示Photoshop软件的基础操作，并讲解Photoshop软件工具的功能和基本用法，使大家在操作中综合应用软件和技能。

◉ 任务导图

```
                                ── 宣传折页常用设计技法
宣传折页封面页设计
                                ── 实例操作        任务：封面页设计
```

◉ 学习新知

1）新建文件。执行"文件"—"新建"命令，打开"新建文档"对话框，具体参数设置如图6-1-1所示，单击"确定"按钮，创建一个新文档。

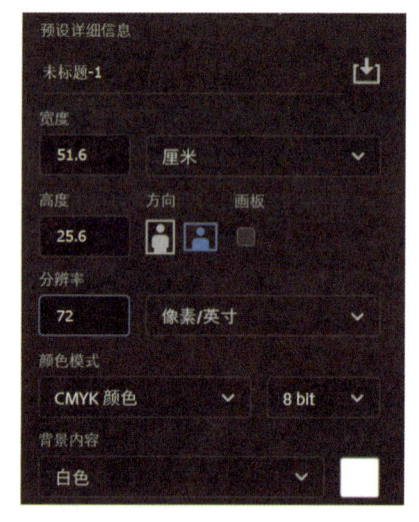

2）执行"视图"—"参考线"—"新建参考线"命令，建立三折页的参考线和出血线，数值如图6-1-2至图6-1-7所示。设置完后效果如图6-1-8所示。

图6-1-1 新建文件参数设置

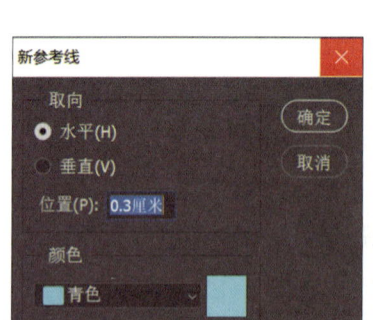

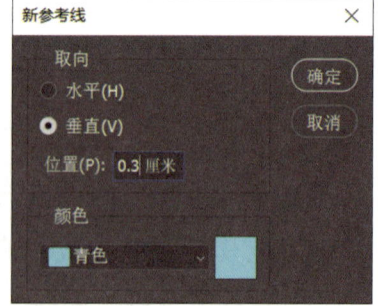

图6-1-2 新建参考线参数（1）　　图6-1-3 新建参考线参数（2）

◆ 知识链接

在PS中，"参考线"是一种重要的工具，用于对齐和定位对象。它们以不可见的形式存在，只会在"显示额外选项"打开时在屏幕上显示。通过拖动标尺，用户可以创建水平或垂直的参考线，以帮助确定图像或元素的位置。此外，用户还可以选择创建多条参考线，并根据需要进行调整。参考线对于确保图像在布局中正确对齐非常有用，特别是在处理复杂的设计和排版任务时。通过参考线，用户可以更精确地控制图像和元素的位置，从而创造出更加专业的设计作品。

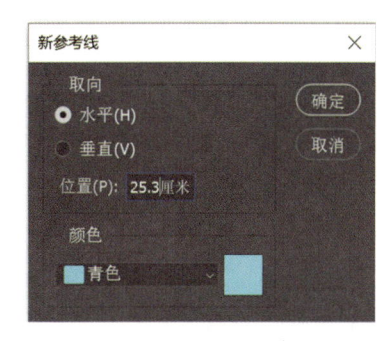

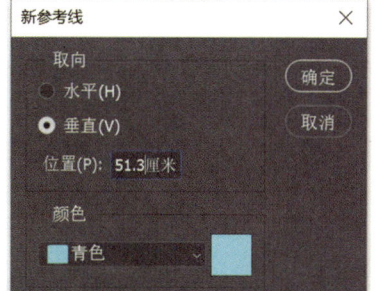

图6-1-4　新建参考线参数（3）　　图6-1-5　新建参考线参数（4）

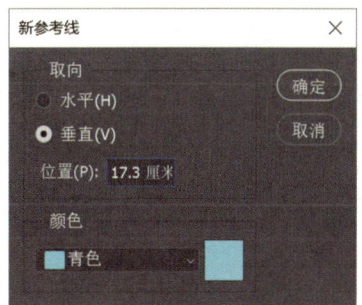

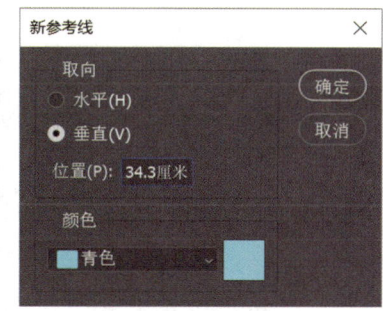

图6-1-6　新建参考线参数（5）　　图6-1-7　新建参考线参数（6）

图6-1-8　参考线效果

3）执行"置入"—"置入嵌入的对象"命令，置入背景图片"1.jpg"，如图6-1-9所示。

图6-1-9　置入背景图片

学习笔记

知识链接

　　PS中的"置入"命令允许用户将一个图像嵌入另一个图像中，通常用于将人物图像添加到背景图片中，以营造出更丰富的视觉效果。要执行"置入"操作，用户可以选择"文件"菜单中的"置入"命令，或者使用快捷键【Alt+F+L】，然后选择要导入的图像文件。置入的图像会自动适应画布大小，并显示调整框。用户可以通过自由变换工具进行缩放、旋转或斜切等操作，以适应画布。完成调整后，双击确认即可完成置入操作。置入的图像作为一个智能图层对象存在，这意味着它可以进行一些特殊操作，如链接、嵌入等。此外，用户还可以对置入图像进行内容编辑，但需要先将其转换为普通图层。通过掌握"置入"命令，用户可以在Photoshop中更加灵活地进行图片处理和创作。

227

4）选择"椭圆工具",设置宽和高的数值为 600 像素,单击画布,画出固定尺寸的圆,将其放在画面右下方位置。为该圆添加"渐变叠加"图层样式,渐变颜色数值为"#375690"—"#19254b"—"#ffffff",如图 6-1-10 所示。效果如图 6-1-11 所示。

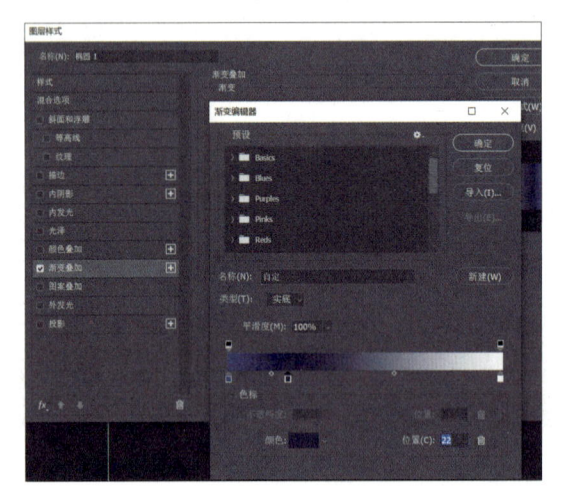

图 6-1-10 "渐变叠加"颜色设置

图 6-1-11 右下方圆形

5）选择"椭圆工具",按住【Shift】键画出一个白色正圆,图层"不透明度"设置为 60%,调整大小和位置,如图 6-1-12 所示。

6）按住【Ctrl+J】键复制"椭圆 2"图层,如图 6-1-13 所示。

图 6-1-12　透明圆形　　　　图 6-1-13　复制图层

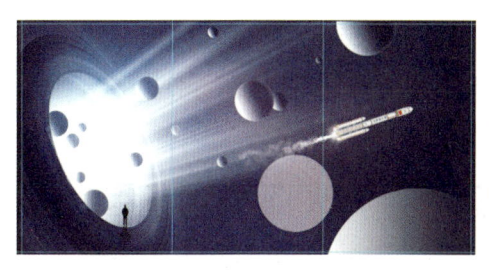

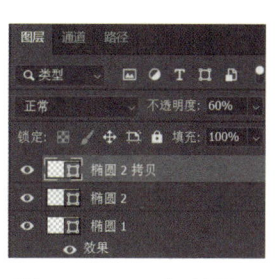

7）选中"椭圆 2 拷贝"图层，按【Crtl+T】键调出"变换"选框，设置宽和高的数值为 106%，如图 6-1-14 所示。设置效果如图 6-1-15 所示。

图 6-1-14　椭圆大小设置

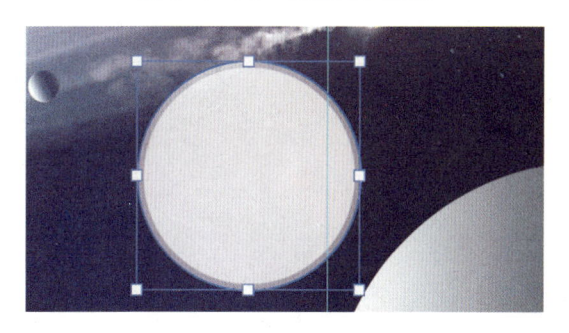

图 6-1-15　调整椭圆大小

8）设置"椭圆 2 拷贝"图层的圆形参数，"填充"为无，"描边"为白色、粗细为 2 像素，"描边选项"为虚线，如图 6-1-16 所示。

图 6-1-16　圆形参数设置

问题摘录

学习笔记

9）选中"椭圆 2"和"椭圆 2 拷贝"图层，按【Ctrl+G】键将其打组，多次按【Ctrl+J】键复制组，并调整大小和位置，如图 6-1-17 所示。

图 6-1-17　大小不一的圆形

10）置入图片素材"2.png""3.png""4.png""5.png"，调整位置和大小，如图 6-1-18 所示。

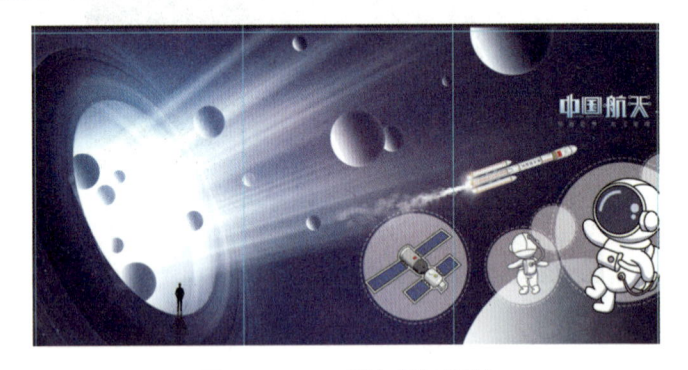

图 6-1-18　置入图片素材

11）使用"矩形工具"绘制一个矩形，调整图层"不透明度"为 82%，如图 6-1-19 所示。

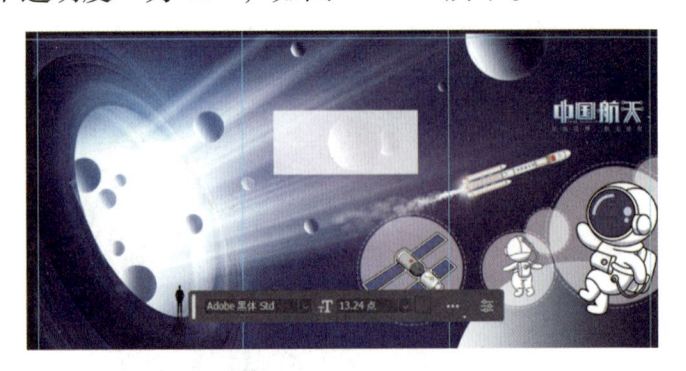

图 6-1-19　矩形绘制

12）打开"文字素材.txt"文件，全选文字，按【Ctrl+C】键复制文字，如图6-1-20所示。

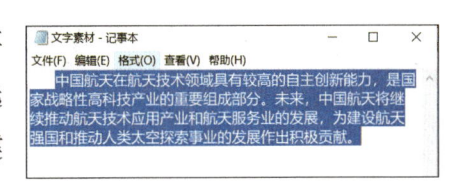

图 6-1-20 复制文本

13）选择"横排文字工具"，按住鼠标左键拖拉出文本框，按【Ctrl+V】键粘贴文字，按【Ctrl+A】键全选文字，在"属性"面板中调整文字大小为15点，行间距为22点，首行缩进为30点，如图 6-1-21 所示。文本效果如图 6-1-22 所示。

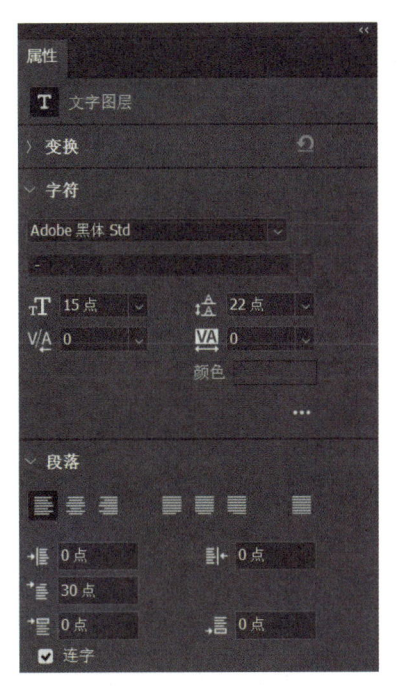

图 6-1-21 文字属性设置

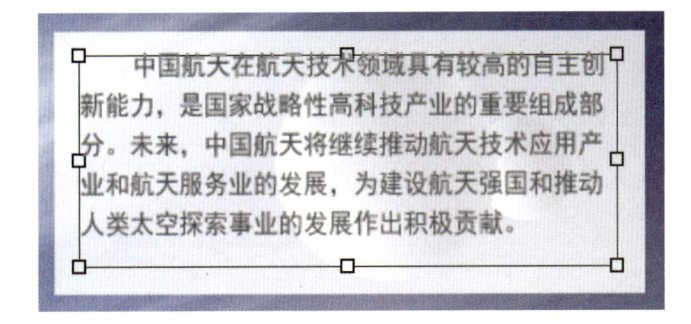

图 6-1-22 文本效果

14）保存"文件"。执行"文件"—"存储为"命令，保存文件为"三折页封面封底.psd"，最终效果如图 6-1-23 所示。

图形图像处理

问题摘录

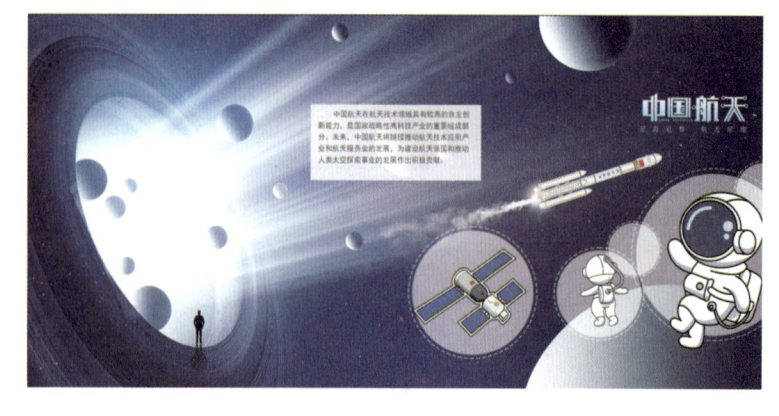

图6-1-23 最终效果

知识储备

> 参考线的设置
> 形状填充与描边设置

理论闯关

一、选择题

1. 在Photoshop中，要创建参考线应该按哪个快捷键？（　　）
   A. Ctrl+R　　　B. Ctrl+H　　　C. Ctrl+K　　　D. Ctrl+L
2. 在Photoshop中，参考线的颜色默认是什么？（　　）
   A. 红色　　　　B. 绿色　　　　C. 蓝色　　　　D. 黄色
3. 在Photoshop中，要改变参考线的位置应该使用哪种工具？（　　）
   A. 移动工具　　B. 裁剪工具　　C. 画笔工具　　D. 文字工具

实践突破

"太空出舱"主题三折页首页设计。

要求：

1. 设计风格：整体设计风格要充满科技感和未来感，以表达"太空出舱"的主题。色彩搭配上，建议使用深蓝色、黑色、银色等色调，以突出太空的神秘和深邃。

2. 页面布局：设计一个三折页的首页，要求布局合理、层次分明。每个折页部分应有明确的主题和内容，同时又要相互呼应，形成完整的视觉效果。

3. 图像设计：使用高质量的图像，包括太空背景、宇航员、航天器等元素。这些图像需要经过适当的处理和设计，以符合整体的设计风格和主题。

4. 文字排版：文字排版要清晰、易读，符合视觉流程。标题部分应使用大字体、粗体，以吸引注意力；正文部分则应使用小一些的字体，但仍需保持易读性。

5. 时间限制：请在规定的时间内完成设计，并确保质量。在设计过程中，请及时与项目负责人沟通，以便按计划完成项目。

项目评价

经过这段学习之旅，你会为自己的学习成果打几颗星呢？请用心完成自我评价，肯定自己的成就，也积极寻找并改善不足之处。

<table>
<tr><th colspan="4">项目实训评价表</th></tr>
<tr><th rowspan="2">项目</th><th colspan="2">内容</th><th rowspan="2">评价星级</th></tr>
<tr><th>学习目标</th><th>评价目标</th></tr>
<tr><td rowspan="4">职业能力</td><td rowspan="2">掌握宣传折页设计的一般技法</td><td>能够描述常见宣传折页设计技法有哪些</td><td>☆☆☆☆☆</td></tr>
<tr><td>能够描述宣传折页的元素有哪些，分别有什么作用</td><td>☆☆☆☆☆</td></tr>
<tr><td rowspan="2">掌握Photoshop软件的基本操作和基本工具</td><td>能够用Photoshop软件对图形对象进行基本操作</td><td>☆☆☆☆☆</td></tr>
<tr><td>能够在不同场景下灵活使用Photoshop软件工具</td><td>☆☆☆☆☆</td></tr>
<tr><td rowspan="4">通用能力</td><td>分析问题的能力</td><td></td><td>☆☆☆☆☆</td></tr>
<tr><td>解决问题的能力</td><td></td><td>☆☆☆☆☆</td></tr>
<tr><td>自我提高的能力</td><td></td><td>☆☆☆☆☆</td></tr>
<tr><td>自我创新的能力</td><td></td><td>☆☆☆☆☆</td></tr>
<tr><td>综合评价</td><td colspan="3">☆☆☆☆☆</td></tr>
</table>

6.2 宣传折页内容页设计

宣传折页内容页设计

任务目标

1. 掌握Photoshop软件中的基础操作
2. 掌握Photoshop软件中基础工具的应用

任务描述

线条在宣传折页设计中有着指引读者视线的作用，图形和线条的配合使用能够引起读者的好奇心，使读者被图形和图片所吸引，进而将读者视线引导到文字上，激发读者的兴趣，使其产生心理上的认同感。本任务将Photoshop中钢笔绘制路径的方式与文字框相结合，串联起中国航天的大事记，配以火箭的图片，引导读者的目光，让读者能够跟随设计者的想法逐一阅读中国航天的发展历程，深入细致体会中国航天发展史的波澜壮阔。

任务导图

宣传折页内容页设计 —— 实例操作 —— 任务：内容页设计

学习新知

1）打开文件"三折页封面封底.psd"，执行"文件"—"存储为"命令，保存文件为"三折页内容页.psd"，删除多余图层，如图6-2-1所示。

图6-2-1 删除多余图层

2）置入图片"1.jpg"和"2.png"，调整素材飞船大小和位置，设置飞机图层混合模式为"滤色"，效果如图6-2-2所示。

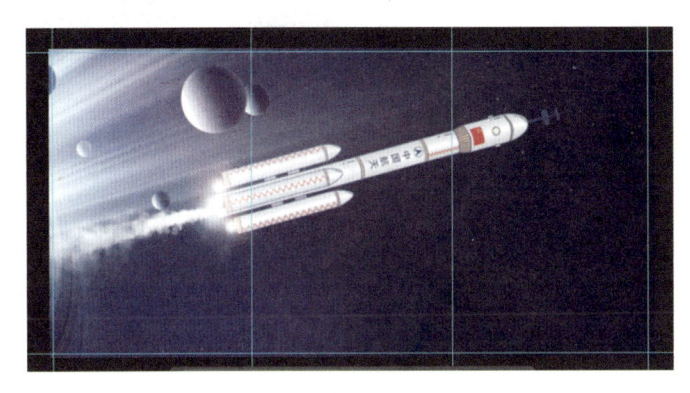

图6-2-2　飞船效果

3）选择"矩形工具"，设置填充颜色为白色，单击画布，在"创建矩形"面板中设置"宽度"为290像素，"高度"为80像素，四个角圆角半径为10像素，点击"确定"按钮，如图6-2-3所示。创建一个固定尺寸的圆角矩形，并设置不透明度为90%，如图6-2-4所示。

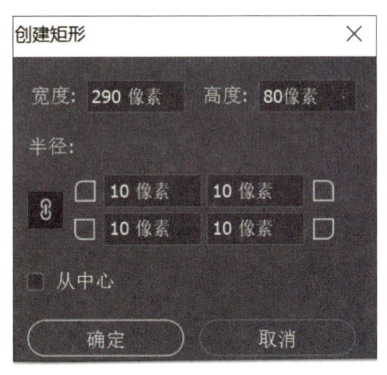

图6-2-3　"创建矩形"面板参数设置

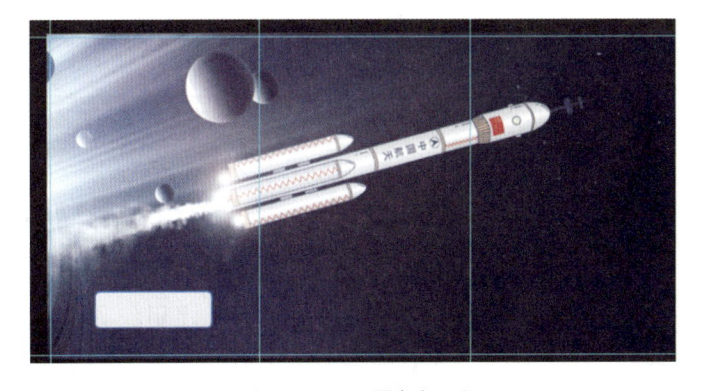

图6-2-4　圆角矩形

4）按住【Alt】键，按住鼠标左键向左下方复制

> **知识链接**
>
> "滤色"是PS中的一种混合模式，用于调整图像的色彩和亮度。滤色模式的工作原理类似于多个摄影幻灯片在彼此之上投影，通过叠加不同颜色的像素，得到更亮的图像效果。使用滤色模式可以增强图像的亮度和色彩，使暗部细节更加明显，同时保留高光区域的细节。在滤色模式下，白色像素将不会受影响，而黑色像素则会被完全排除。通过调整图像的亮度、对比度等参数，可以进一步增强滤色效果。滤色模式常用于广告设计、摄影后期处理、游戏美术制作等领域，能够创造出更加鲜明、生动的图像效果。

"中国航天"宣传折页设计　项目六

235

出一个圆角矩形，设置该圆角矩形"填充"为无，"描边"为白色、粗细为2像素，样式为虚线，如图6-2-5所示。

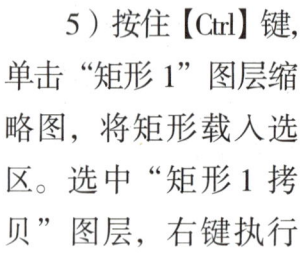

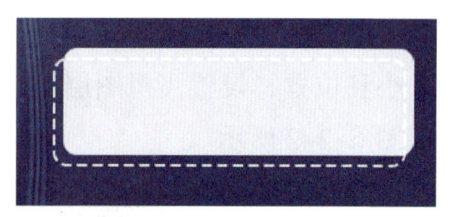

图 6-2-5　圆角矩形描边

5）按住【Ctrl】键，单击"矩形1"图层缩略图，将矩形载入选区。选中"矩形1拷贝"图层，右键执行"栅格化图层"命令，按【Delete】键删除多余虚线，如图6-2-6所示。

图 6-2-6　删除多余虚线

6）打开"文字素材.docx"，复制文字内容，如图6-2-7所示。

7）选择"横排文字工具"，按住鼠标左键拖拉出文本框，按【Ctrl+V】键粘贴文字，按【Ctrl+A】键全选文字，设置文字颜色为"#474747"，在"属性"面板中设置字体为宋体，文字大小为15点，行间距为24点，首行

图 6-2-7　复制文本

图 6-2-8　文本效果

缩进为30点。文本效果如图6-2-8所示。

8）选中"矩形1"图层、"矩形1拷贝"图层和文字图层，按【Ctrl+G】键将图层打组，按3次【Ctrl+J】键，调整"组1拷贝3"图层位置，如图6-2-9所示。

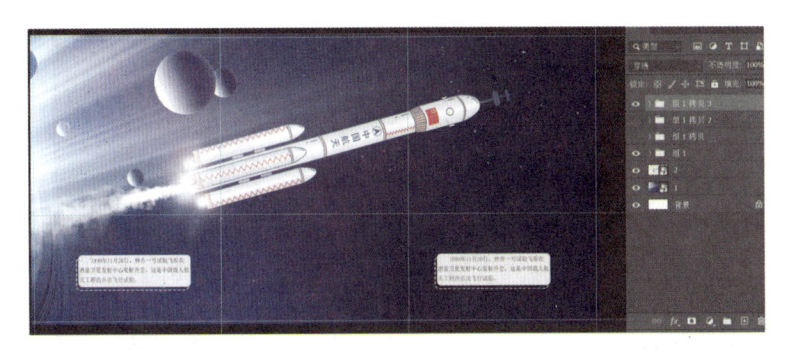

图 6-2-9 调整"组 1 拷贝 3"图层位置

9）全选四个组，在菜单栏选项中设置分布方式为水平居中分布，如图 6-2-10 所示，效果如图 6-2-11 所示。

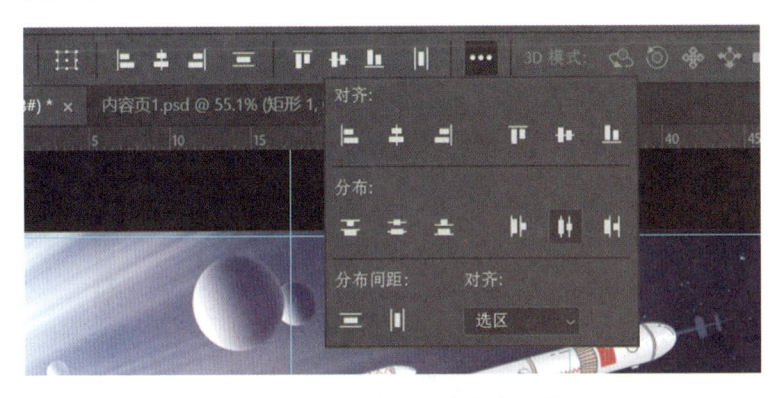

图 6-2-10 水平居中分布设置

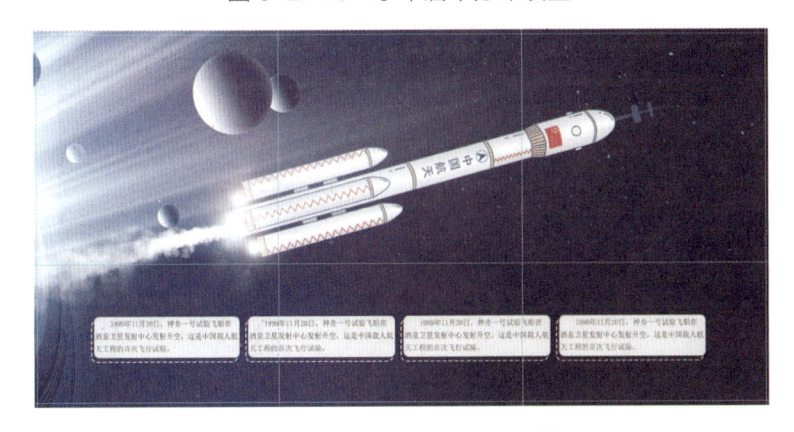

图 6-2-11 水平居中分布后效果

10）全选四个组，按【Ctrl+G】键打组，按 2 次【Ctrl+J】键，调整"组 2 拷贝 2"图层位置，如图 6-2-12 所示。

学习笔记

问题摘录

知识链接

"水平居中分布"是 PS 中的一种对齐方式，用于将多个元素在水平方向上均匀分布。用户可以选择需要分布的元素，如图层、形状、文本框等，然后使用图层面板中的"水平居中分布"按钮或相应快捷键来应用分布。"水平居中分布"适用于创建整洁、专业的设计作品，特别是在处理多元素布局时可确保元素在水平方向上对齐一致。

"中国航天"宣传折页设计 项目六

237

图形图像处理

知识链接

除了"水平居中分布"和"垂直居中分布",PS还提供了其他多种对齐方式,包括"左对齐""右对齐""顶对齐""底对齐"等。这些对齐方式适用于单个图层和多个图层之间的对齐操作。用户可以选择相应的对齐方式按钮或使用快捷键来应用对齐。在选择对齐方式时,要注意的是,对于多个图层或对象的对齐,要先选中需要操作的图层或对象,然后选择相应的对齐方式。此外,如果需要更精确的对齐操作,还可以使用参考线或网格工具来辅助对齐。

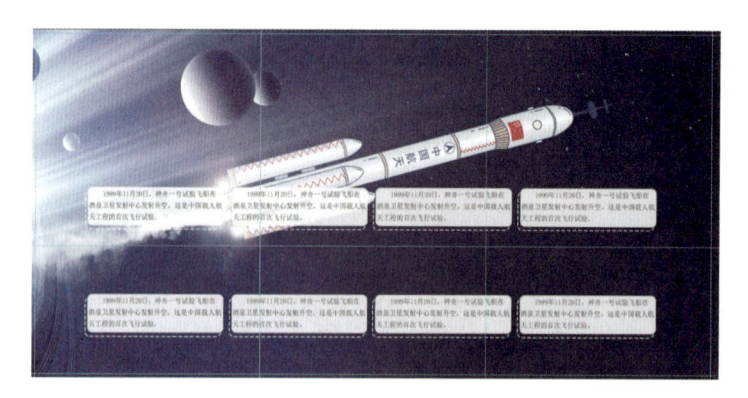

图 6-2-12 调整"组 2 拷贝 2"图层位置

11)全选三个组,在菜单栏选项中设置分布方式为垂直居中分布,如图 6-2-13 所示,效果如图 6-2-14 所示。

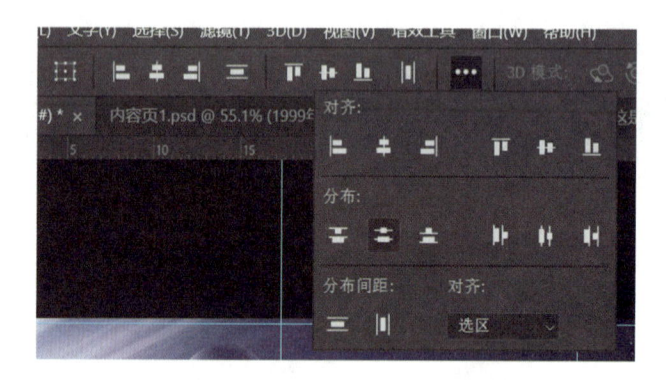

图 6-2-13 垂直居中分布设置

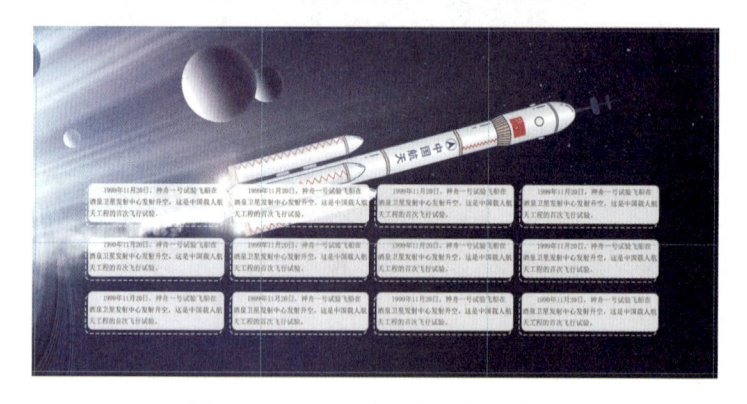

图 6-2-14 垂直居中分布后效果

12)选择"钢笔工具",如图 6-2-15 所示,绘制出路径,如图 6-2-16 所示。

图 6-2-15 钢笔工具

238

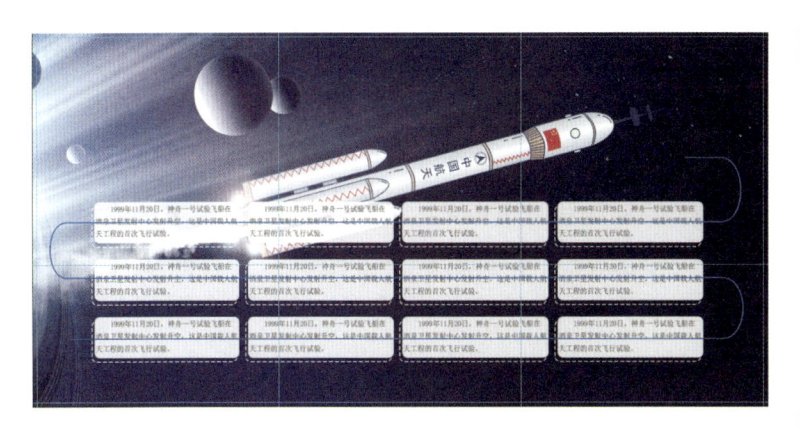

图 6-2-16　绘制路径

13）设置画笔颜色为"#a594c5"，画笔大小为 8 像素，硬度为 100%。在图层"2"上方新建一个图层，选择"钢笔工具"，在画布上右键选择"描边路径"，设置"工具"为画笔，如图 6-2-17 所示。效果如图 6-2-18 所示。

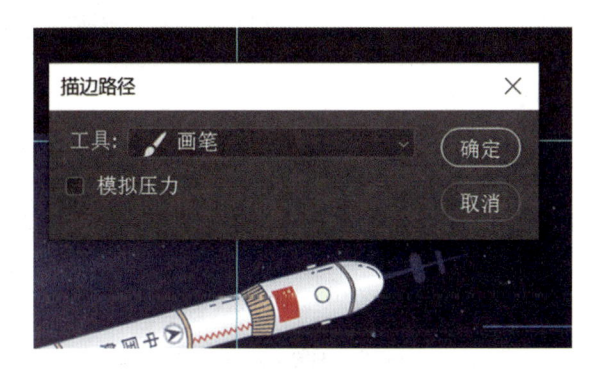

图 6-2-17　"描边路径"面板

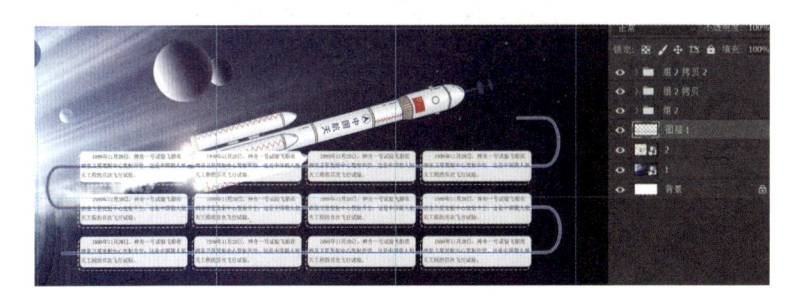

图 6-2-18　描边路径效果

14）选择"椭圆工具"，按住【Shift】键画出圆形，如图 6-2-19 所示。

15）选择"组1"，按【Ctrl+J】键复制组，按住鼠标左键，将复制的图层拖放到"椭圆1"图层上方，如图6-2-20所示。调整"组1拷贝4"组的大小和位置，并设置该组里的文字颜色为白色，文字内容改为"中国航天事业不断创新发展ing……"，字体修改为黑体，大小为32点，行间距为34点，其余图层里面的内容颜色修改为"#a594c5"，效果如图6-2-21所示。

图6-2-19 画出圆形　　图6-2-20 "图层"界面

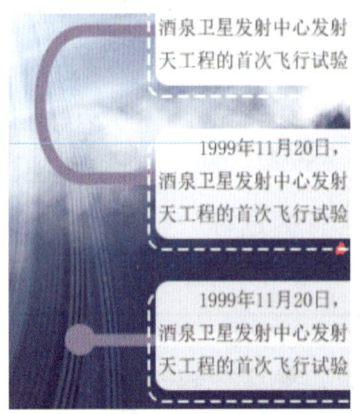

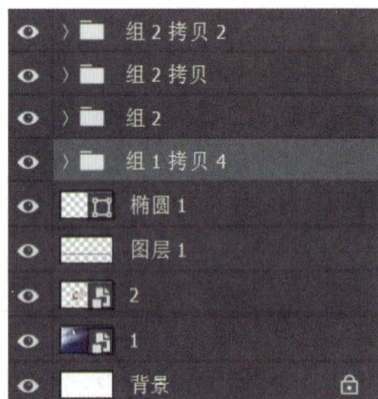

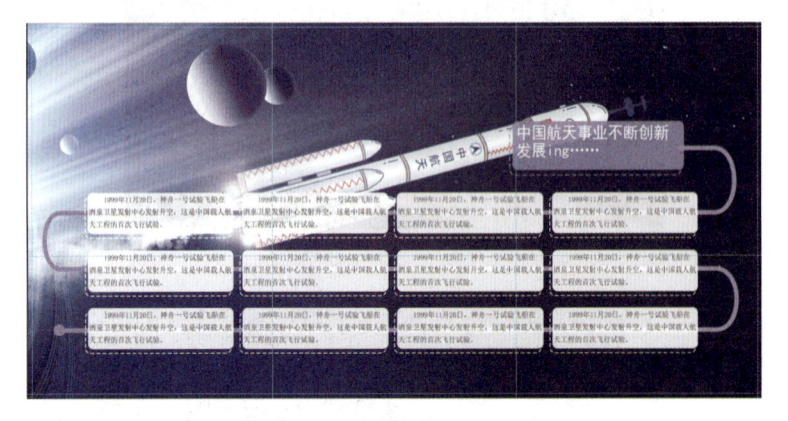

图6-2-21 最上方圆角矩形效果

16）选中"椭圆1""图层1""组1拷贝4"，如图6-2-22所示，按"Ctrl+G"键打组，如图6-2-23所示。

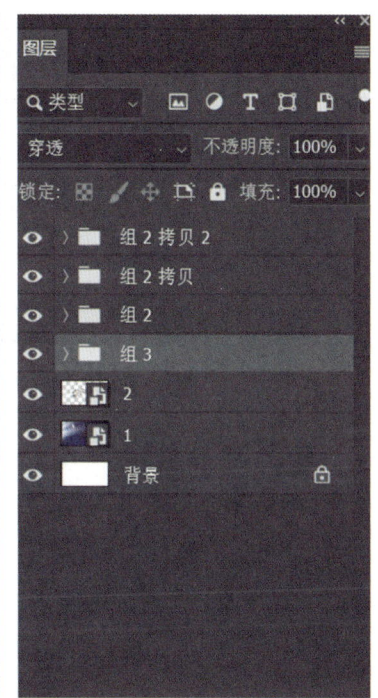

图 6-2-22　选中图层　　图 6-2-23　打组后图层界面

17）选中"组 3"，双击图层空白处，打开"图层样式"面板，勾选"外发光"，设置"不透明度"为 100%，"大小"为 5 像素，如图 6-2-24 所示。添加"外发光"后效果如图 6-2-25 所示。

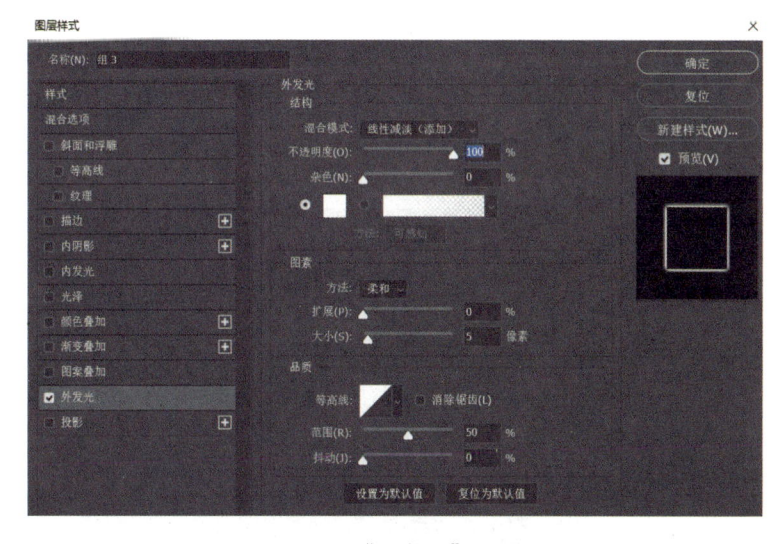

图 6-2-24　"外发光"参数设置

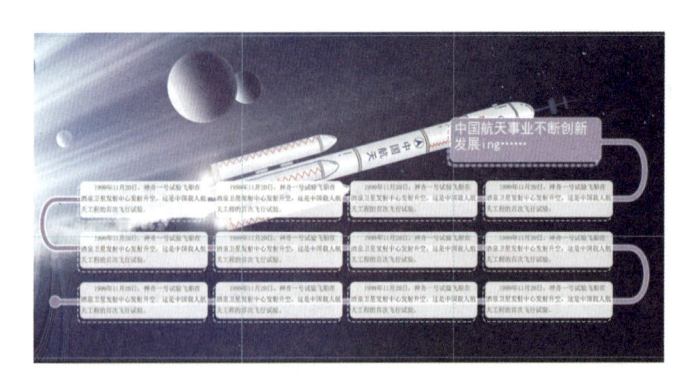

图 6-2-25 添加"外发光"后效果

18）选择"横排文字工具",点击画布创建标题,字体为黑体,大小为 48 点,颜色为白色,输入文字内容为"中国载人航天史上的重要里程碑事件",如图 6-2-26 所示。

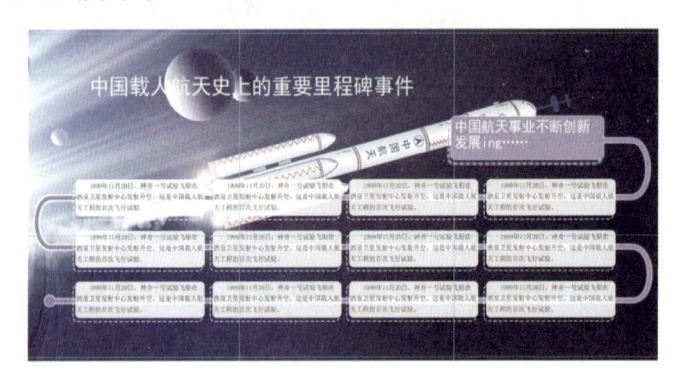

图 6-2-26 主标题

19）给主标题添加"渐变叠加"和"投影"效果,具体参数如图 6-2-27、图 6-2-28 所示。

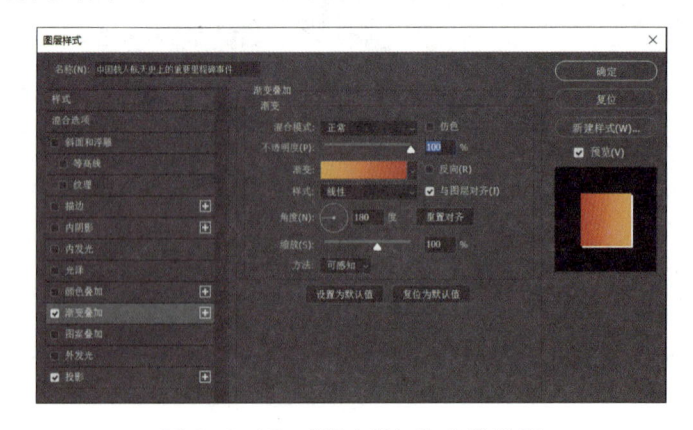

图 6-2-27 "渐变叠加"参数设置

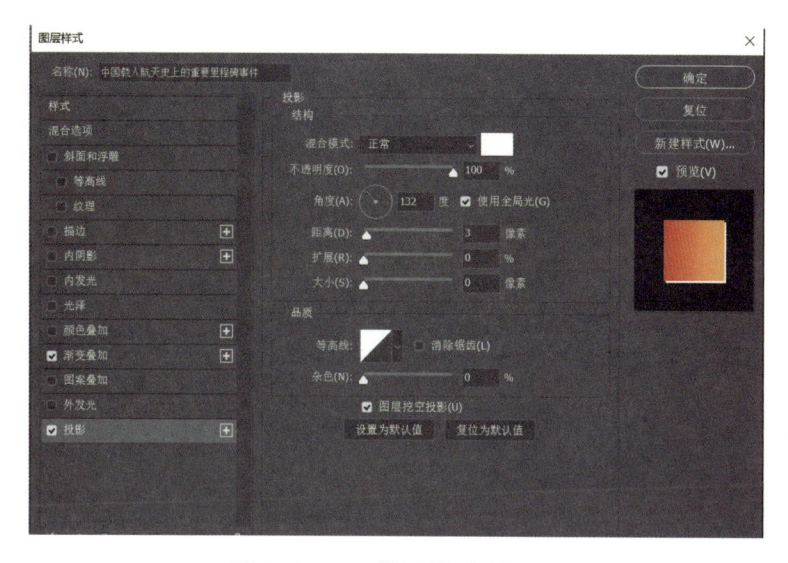

图6-2-28 "投影"参数设置

20）替换相应文本内容，最终效果如图6-2-29所示。

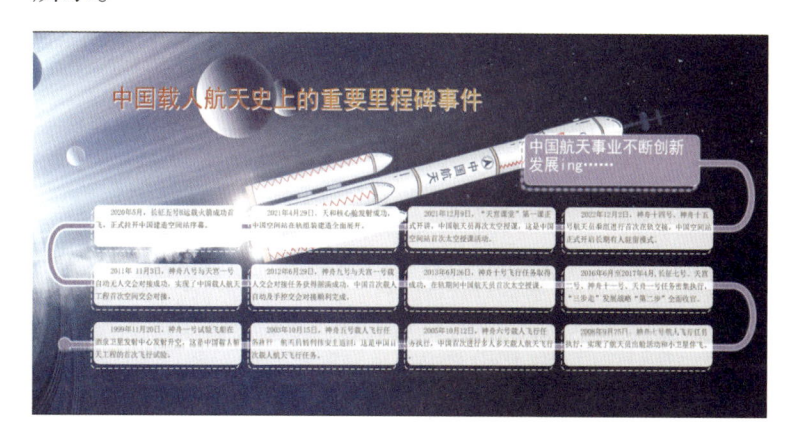

图6-2-29 最终效果

知识储备

- 排列与分布
- 钢笔工具
- 描边路径

理论闯关

一、选择题

1. 在 Photoshop 中，要使多个图层按照水平方向分布应该使用什么命令？（ ）

   A. 分布间距　　　B. 分布中心点　　　C. 分布宽度　　　D. 分布对齐

2. 关于 Photoshop 中的钢笔工具，以下哪个描述是正确的？（ ）

   A. 钢笔工具只能绘制直线　　　　　B. 钢笔工具可以绘制曲线和直线
   C. 钢笔工具只能绘制曲线　　　　　D. 钢笔工具不能绘制图形

3. 在 Photoshop 中，要使多个图层按照垂直方向分布应该使用什么命令？（ ）

   A. 垂直居中分布　B. 水平居中分布　C. 分布间距　　　D. 分布对齐

实践突破

"火星登陆"主题三折页设计。

要求：

1. 设计风格：整体设计风格要充满科技感和未来感，以表达"火星登陆"的宏大主题。建议使用红色、橙色、黄色等火星相关的色调，并可结合火星地貌的高清图片或概念插图，以增强视觉冲击力。

2. 页面布局：设计一个结构清晰、层次分明的三折页。每个折页部分应有明确的主题和内容，如"准备阶段""登陆过程""未来展望"等。同时，保持整体设计的连贯性和统一感。

3. 图像设计：使用高质量的火星相关图片和概念插图，包括火星地貌、航天器、宇航员等元素。这些图像需要经过精心设计和处理，以符合整体设计风格和主题。

4. 文字排版：文字排版要清晰、易读，符合视觉流程。标题部分应使用大字体、粗体，以吸引注意力；正文部分则应使用小一些的字体，但仍需保持易读性。
5. 时间限制：请在规定的时间内完成设计，并确保质量。在设计过程中，请及时与项目负责人沟通，以便按计划完成项目。

项目评价

经过这段学习之旅，你会为自己的学习成果打几颗星呢？请用心完成自我评价，肯定自己的成就，也积极寻找并改善不足之处。

<table>
<tr><td colspan="4" align="center">项目实训评价表</td></tr>
<tr><td rowspan="2">项目</td><td colspan="2" align="center">内容</td><td rowspan="2">评价星级</td></tr>
<tr><td>学习目标</td><td>评价目标</td></tr>
<tr><td rowspan="2">职业能力</td><td rowspan="2">掌握Photoshop软件的基本操作和基本工具</td><td>能够用Photoshop软件对图形对象进行基本操作</td><td>☆☆☆☆☆</td></tr>
<tr><td>能够在不同场景下灵活使用Photoshop软件工具</td><td>☆☆☆☆☆</td></tr>
<tr><td rowspan="4">通用能力</td><td colspan="2">分析问题的能力</td><td>☆☆☆☆☆</td></tr>
<tr><td colspan="2">解决问题的能力</td><td>☆☆☆☆☆</td></tr>
<tr><td colspan="2">自我提高的能力</td><td>☆☆☆☆☆</td></tr>
<tr><td colspan="2">自我创新的能力</td><td>☆☆☆☆☆</td></tr>
<tr><td>综合评价</td><td colspan="3" align="center">☆☆☆☆☆</td></tr>
</table>

理论解密盒子　　技能快速通道

图书在版编目（CIP）数据

图形图像处理 / 许宝良主编；许倩倩，边晓鋆执行
主编. -- 杭州：浙江大学出版社，2024. 8. -- ISBN
978-7-308-25211-9

Ⅰ. TP391.413

中国国家版本馆 CIP 数据核字第 2024157AF8 号

图形图像处理
TUXING TUXIANG CHULI

许宝良　主　编
许倩倩　边晓鋆　执行主编

出版统筹	黄娟琴　柯华杰
策划编辑	朱　辉
责任编辑	朱　辉
责任校对	葛　娟
封面设计	续设计
出版发行	浙江大学出版社
	（杭州市天目山路148号　　邮政编码310007）
	（网址：http://www.zjupress.com）
排　　版	杭州林智广告有限公司
印　　刷	杭州捷派印务有限公司
开　　本	787mm×1092mm　1/16
印　　张	16
字　　数	287千
版 印 次	2024年8月第1版　2024年8月第1次印刷
书　　号	ISBN 978-7-308-25211-9
定　　价	60.00元

版权所有　侵权必究　　印装差错　负责调换

浙江大学出版社市场运营中心联系方式：0571-88925591；http://zjdxcbs.tmall.com